高寒区膨胀土渠道劣化机理

蔡正银　朱　洵　张　晨　黄英豪　著

科学出版社

北　京

内 容 简 介

本书针对我国北疆等高寒区膨胀土渠道破坏异常严重的问题，通过现场调研总结了高寒区膨胀土渠道的主要破坏形式，明确了北疆渠道现场所经历的湿干冻融耦合循环边界是诱发膨胀土渠道破坏的关键因素；通过大量室内单元试验阐述了膨胀土在湿干冻融耦合下的强度衰减与结构损伤双重互馈破坏机制；论述了渠道冻融过程离心模拟技术，以及膨胀土渠道冻融劣化演化规律；介绍了膨胀土渠道干湿及湿干冻融耦合循环作用离心模拟方法，揭示了膨胀土渠道在湿干冻融耦合下的劣化机理；最后介绍了高寒区膨胀土渠道稳定性数值模拟方法。

本书可供从事膨胀土渠道稳定性与劣化机理研究的科研工作者参考使用，对于指导我国高寒区膨胀土渠道的劣化问题解决具有重要参考价值。

图书在版编目（CIP）数据

高寒区膨胀土渠道劣化机理/蔡正银等著. —北京：科学出版社，2020.12
ISBN 978-7-03-067406-7

Ⅰ. ①高… Ⅱ. ①蔡… Ⅲ. ①寒带－膨胀土－渠道－劣化
Ⅳ. ①TV698.2

中国版本图书馆 CIP 数据核字（2020）第 265898 号

责任编辑：周　丹　程雷星/责任校对：杨聪敏
责任印制：张　伟/封面设计：许　瑞

科 学 出 版 社 出版
北京东黄城根北街 16 号
邮政编码：100717
http://www.sciencep.com
北京盛通商印快线网络科技有限公司 印刷
科学出版社发行　各地新华书店经销

*

2020 年 12 月第　一　版　开本：720 × 1000　1/16
2020 年 12 月第一次印刷　印张：12 3/4
字数：257 000

定价：119.00 元
（如有印装质量问题，我社负责调换）

前　　言

　　长距离调水工程是我国区域经济社会发展的重要支柱和命脉，是名副其实的生命线工程。目前，输水渠道作为国家长距离调水工程中主要的水工建筑物，对缓解区域性水资源供需矛盾、实现区域内水资源的优化调配具有重大意义。据统计，我国拥有各类输水渠道近 450 万 km，渠系水利用系数仅约 53%，其中主要原因是渠道结构的破坏。

　　我国的长距离调水工程大多修建于 20 世纪末期，受技术和材料限制，建设水平普遍不高，特别是位于西北寒区的长距离输水渠道，极端寒冷、异常干旱、复杂地质环境等恶劣的自然条件，使得渠道的输水时效与安全面临重大挑战。例如，全长近 1000km 的北疆输水渠道，穿越膨胀土段约占渠道总长的 31.6%，渠道沿线气温差异明显，加之渠道历年的季节性运行方式，这些因素共同对渠基膨胀土形成了明显的湿润-干燥-冻结-融化交替变化过程（简称湿干冻融耦合）。在此环境条件作用下，渠基膨胀土劣化明显，严重影响输水渠道的正常运行。本书主要阐述湿干冻融耦合作用下膨胀土的劣化机理与过程及其对渠道边坡稳定性的影响，以期为高寒区膨胀土渠道高效运行控制提供理论基础。

　　本书共六章，第 1 章总结了膨胀土渠道的主要破坏形式，并就高寒区膨胀土渠道现场所经历的复杂环境边界进行了介绍；第 2 章重点介绍了湿干及湿干冻融耦合循环作用下膨胀土的三维裂隙演化规律；第 3 章阐述了膨胀土在经历干湿及湿干冻融耦合下的强度衰减与结构损伤双重互馈破坏机制；第 4 章论述了渠道冻融过程离心模拟技术；第 5 章介绍了膨胀土渠道干湿及湿干冻融耦合循环作用离心模拟方法，以及渠道湿干冻融耦合劣化演化规律；第 6 章介绍了高寒区膨胀土渠道稳定性数值模拟方法。

　　本书的出版得到了南京水利科学研究院出版基金的大力支持，其主要内容是作者选取国家重点研发计划项目"高寒区长距离供水工程能力提升与安全保障技术"（编号：2017YFC0405100）的部分研究成果编撰而成的。本书的编写得到了中国工程院院士邓铭江的关心和指导，在此谨致以衷心的感谢！

　　南京水利科学研究院关云飞、徐光明、陈皓、朱锐等参与了第 3 章和第 4 章的编写；新疆额尔齐斯河流域开发工程建设管理局石泉、苏珊、罗伟林、张健、陈勃文、李铭杰等参与了第 1 章和第 6 章的编写；新疆水利水电科学研究院贺传卿、王怀义、杨桂权等参与了第 2 章和第 5 章的编写。全书由蔡正银、朱洵组织、修改并定稿。

　　高寒区膨胀土渠道劣化的问题,涉及多学科交叉,本书的出版仅为抛砖引玉,希望更多的科研工作者参与到该项研究工作中来。由于本书由多位人员编写,加之水平有限,书中不足之处在所难免,敬请各位读者不吝斧正。

作　者

2020 年 7 月于南京清凉山

目　录

第1章 绪　　论

　　膨胀土是典型的特殊土，具有明显的吸水膨胀和失水收缩的性质，同时兼具超固结性和裂隙性，这使得它成为工程建设中最棘手的问题之一。膨胀土的矿物成分主要是次生黏土矿物蒙脱石和伊利石，蒙脱石亲水性极强，化学成分以氧化铝、氧化硅、氧化铁等为主，形成面-面连接的层状叠聚体结构，比表面积很大，吸水后水分子极易进入层与层之间，形成较大的体积膨胀，而失水后层与层之间因水分子的丧失而导致体积急剧减小，产生张拉裂缝，造成土体强度降低。目前全世界已报道过膨胀土工程事故的国家中，以北美洲、澳大利亚、南非地区、中东地区和中国等地最为突出。中国是世界上膨胀土分布最广、面积最大的国家之一，膨胀土在国内20多个省份均有分布，存在较为广泛，面积超过10万 km²。自1938 年美国垦务局在俄勒冈的一座钢制倒虹吸管基础工程中第一次认识并报道膨胀土的工程问题之后，随着人类活动的不断扩展，越来越多与膨胀土相关的工程问题受到人们的关注。我国早期将之称为"坏土"或"裂土"，因为在风干条件下膨胀土强度较高，一旦遇水则强度锐减，正是由于这种非常差的工程特性，膨胀土又素有"晴天一把刀，雨天一团糟"之说。在工业与民用建筑中，膨胀土地基膨胀变形可引起房屋、厂房开裂甚至倒塌；在公路和铁路修建过程中，若是碰上膨胀土地区，则更是有"逢堑必滑，无堤不塌"的说法；在水利工程中也是如此，许多引水渠道中，但凡沿线分布有膨胀土，基本都出现过滑坡的现象。

　　就我国境内来看，中部、南部以及西北地区的膨胀土分布比较广，而这些地区所开展的大型公路、铁路及水利项目，都会因膨胀土的地质特性而受到较为严重的影响。当前随着我国"一带一路"建设的不断推进和发展，以及西部大开发的不断进行，作为"丝绸之路"陆上通道的新疆也将迎来发展的战略机遇期（邓铭江，2005）。新疆地处欧亚大陆腹地，农业生产主要依靠人工灌溉，农业用水量占到国民经济总用水量的95%，形成了我国独特的"荒漠绿洲，灌溉农业"的生态环境和社会经济体系。然而，新疆属于典型的干旱、半干旱地区，境内年地表径流量仅占全国的3%，干旱区面积占全疆总面积的88.7%。同时存在严重的时空分布不均匀性，时间上呈现春旱、夏洪、秋缺、冬枯的特点；空间上呈现西、北部水资源丰富而南部水资源相对稀少的特点，严重制约了当地的工农业生产，影响了人民的生活（邓铭江等，2011）。

　　随着经济社会的加速发展，水资源供需矛盾日益突出，成为制约新疆发展的主要瓶颈之一。2014年国务院提出2020年前分步建设172项重大水利工程，在"一带一路"倡议中，新疆的定位是打造丝绸之路经济带核心区，但是，经济的快速发展对水资源的需求量进一步加大。针对水资源短缺问题，1949年以来新疆相继开工建设了一批长距离输水渠道工程和调节水库，受水区主要为呈现资源性缺水的乌鲁木齐和克拉玛依等北疆经济区，大大缓解了水资源分布不均的困境，尤其是乌鲁木齐市和克拉玛依市，城市中接近一半的用水量来自引调水工程的输送，其重要程度可见一斑（姜昕和朱瑞军，2000）。

供水渠道属于线形工程，沿线可能穿越各种复杂地层，包括膨胀土地区，如北疆供水渠道穿越的膨胀土渠段约占渠道总长的31.6%。北疆供水渠道沿线地质条件复杂，气候恶劣。渠道运营多年后损坏严重，主要是渠基土劣化所致。渠道运行过程中，由于建设之初施工水平不足，未考虑铺设防渗排水体系，加之施工过程中防渗膜及混凝衬砌板发生损坏，造成渠水入渗，与渠基膨胀土直接接触，降低了渠坡的稳定性。另外，供水渠道工程位于北疆阿勒泰地区，其属温带大陆性气候，冬季夜间最低气温可达−40.3℃，夏季平均气温为20℃。同时渠道采取季节性供水，每年4~9月通水，其他时间停水，冬季平均气温为−35℃，最大积雪深度73cm，最大冻深2m，夏季最高气温达39.8℃。渠道每年的通水、停水以及沿线夏季高温、冬季严寒的气候特点共同对渠基膨胀土形成了明显的干湿交替、冻融循环作用。在此环境作用下，膨胀土开裂明显，造成其工程性质的劣化，从而诱发膨胀土渠道边坡的灾变，对北疆地区的供水造成严重影响，部分现场见图1.1。

图1.1 新疆北疆供水总干渠膨胀土渠道典型滑坡照片

1.1 膨胀土渠道典型破坏特征

1）浅表层的变形破坏

浅表层蠕动变形破坏形式多出现于渠道挖方段。渠基膨胀土在开挖后常暴露于大气环境中，进而产生失水干裂、吸水膨胀的周期性变化，造成土体强度的衰减及整体结构性的破坏。当胀缩裂隙带发育至一定深度，遭遇持续降雨或暴雨时，就会在膨胀力、重力共同作用下向坡下蠕动变形，外表呈现出滑坡特征。

总体上看，此类变形破坏与渠道边坡土体微小裂隙的发育密度及所处气象条件具有明显的正相关性，可出现于各种坡度的膨胀土边坡中。例如，南水北调中线工程施工期间，该类膨胀土渠道边坡浅表层变形破坏主要发生在弱-中膨胀土地段，强膨胀岩土边坡中则少见，这可能与强膨胀岩土的崩解特性有关，即强膨胀岩土遇水崩解会形成非常细小的颗粒，容易被坡面水流冲蚀而不容易保留。钮新强院士等通过对破坏的边坡进行变形体解剖发现，这类变形的深度一般在 1m 左右，很少超过 2m，其底边界较模糊，没有明显的滑动面，因此根据滑坡定义，它不属于滑坡范畴。这类变形的成因及机理与一般均质黏性土圆弧状滑动具有本质的差别。

2）受结构面控制的滑动破坏

该类滑坡受土体中的缓倾角结构面控制，滑坡要素发育健全。缓倾角结构面有四种类型：长大裂隙、裂隙密集带、弱膨胀土中的中-强膨胀土夹层、部分土岩界面。该类滑坡从成因上可分为两类：①受当前大气环境作用形成的缓倾角裂隙，其埋深 3~12m，其中 5~10m 发育最为完全；②在地质历史时期形成的结构面，其深度变化大，在渠道开挖的不同深度均可能遇到。前者可称为较深层滑坡，后者可称为深层滑坡，南水北调中线工程渠坡出现的最大滑面深度达到 20m 左右。上述按深度定义的滑坡适用于西南地区第四系和新近系地层经常出现沿其中的膨胀土泥化夹层滑动的巨型滑坡。

受土体中结构面的控制，该类滑坡剖面形态均为折线形，这与传统的圆弧形滑动面存在较大差异，后缘拉裂面倾角通常大于 60°，底滑面迁就或追踪已有的结构面，近于水平，少部分剪断土体（钮新强等，2015）。此外，这类滑坡在边坡开挖后并不立即发生，而是有一个滞后过程。数值模拟结果表明，渠道开挖会在边坡结构面部位形成较高的应力集中和明显的剪切位移，坡顶产生张拉破坏。因此在这一滞后期内，边坡内将发生两个重要的改造作用：一是裂隙面逐步贯通；二是结构面强度逐渐衰减。通过室内试验、现场剪切及滑坡反分析，对膨胀土强度和裂隙面强度进行对比，发现裂隙面强度不仅远低于土体峰值强度，甚至还明显小于土体的残余强度。裂隙、夹层、岩性软弱界面等是膨胀土内部最薄弱的部分，其对土体强度和边坡稳定性均具有控制性作用。这一结构面强度控制特性可以很好地解释膨胀土中没有出现圆弧状滑坡的原因。结构面控制型滑坡的内因是坡体存在缓倾角结构面，这是产生这类滑坡的必备条件。现场的详细地质研究发现，当缓倾角裂隙连通率大于 50%时，就可能出现滑坡。

3）坍塌破坏

坍塌型破坏按其成因可进一步分为块体破坏和坡脚浸水软化两类。当土体中陡倾角裂隙发育，且边坡开挖面陡于 1∶1 时，容易产生受结构面控制的块体破坏。开挖基坑积水易引发中、强膨胀土边坡坍塌型破坏。其单个规模一般以数十至数百立方米常见，厚度多在 1m 左右。

1.2　膨胀土基本特性研究现状

1.2.1　膨胀土的裂隙性

膨胀土颗粒组成以具有高分散性的黏粒为主，黏粒（<2mm）含量通常大于30%，其矿物成分以蒙脱石或蒙脱石、伊利石混层矿物为主。膨胀土的工程性质主要有胀缩性、裂隙性、超固结性、崩解性、风化特性、强度衰减性等。外部环境作用对膨胀土产生以下几个方面的影响。

（1）从晶体矿物学角度来看，膨胀土的膨胀取决于组成膨胀土的矿物成分及其构造，以及颗粒表面交换阳离子成分等。蒙脱石的晶胞属于三层结构，由在两个硅氧四面体晶片中间夹一个铝氧八面体晶片堆叠而成（Norrish，1954）。单个蒙脱石晶体一般由几层到十几层晶胞叠加而成，相邻两层晶胞间为氧原子–氧原子连接，键力（范德华力）较弱，容易被水分子分离，使得晶胞间距增大（Murray，2000）。此外，八面体中的三价铝离子（Al^{3+}）常被其他低价离子（Mg^{2+}）置换，产生过剩的非饱和负电荷，这时多余负电荷可以吸附水中的钙、钠等阳离子进行补偿（Şans et al.，2017）。膨胀土在经历外部环境作用后，蒙脱石晶体结构发生破坏，外界水分子或水化钙（钠）离子易渗入晶格层间，形成水膜夹层，导致晶胞距离由 10Å 增大到最大值 20Å，宏观表现为膨胀土的遇水膨胀、失水收缩。膨胀土在反复胀缩作用下产生裂隙，对其工程性质造成严重影响。

（2）干湿循环对膨胀土完整性造成显著影响（龚壁卫等，2014；袁俊平和殷宗泽，2004）。干燥阶段表层土体水分蒸发，同时膨胀土失水收缩。但由于膨胀土渗透系数较小，表层以下部分水分不能向上对表层蒸发面进行补给，使得表层以下部分土体未发生体积变化（Yesiller et al.，2000）。土体的收缩不均导致其内部形成张拉应力场，当拉应力超过土体抗拉强度时，裂隙形成（Nahlawi and Kodikara，2006）。形成的裂隙也为下部水分向上传输提供通道，促进了裂隙的发展。湿润阶段膨胀土中亲水矿物遇水膨胀，上一干燥阶段形成的裂隙逐渐闭合（Tang et al.，2012；Andersland and Al-Moussawi，1987）。但此处的微观结构由于上一干燥阶段裂隙的生成已遭到破坏，形成强度薄弱带；膨胀土在经历下一次干燥过程时，强度薄弱带处土体将首先开裂。在多次干湿循环作用后，大量裂隙发展、贯通，最终导致土体结构发生整体性破坏。

　　（3）冻融循环作用下土体内部水分发生重分布，在此过程中未冻水迁移、冰水相变及分凝冰穿刺等现象会使土体产生裂隙，引起土体整体强度的劣化。冻结初期，土体表面温度梯度较大（环境温度与土体表面温度之差较大），表层自由水首先发生冻结。随着温度的降低，冻结锋面向下快速发展，促进了土体内部新的准水平微裂纹的形成；同时吸力在冻结锋面附近逐渐形成，使得未冻区自由水向冰透镜体锋面处发生迁移。但与冻结锋面向下发展的速度相比，渗透性使得水分不能向上迁移至冻结锋面，最终导致在冻结初期，孔隙水以原位冻结为主（Konrad and Morgenstern，1981）。同时土体孔隙中毛细作用会导致孔隙水凝固点降低，使得当土体温度低于0℃时其内部仍存在部分未冻水（Williams，1964；Low et al.，1968）。随着温度的继续降低，土体内部未冻水含量及其基质势也逐渐降低，这与干燥过程类似（Watanabe et al.，2012）。冻结区土体中基质势较低，未冻水由未冻区向冻结区发生迁移，导致冻结区域土体含水量的增大（Kung and Steenhuis，1986；Shoop and Bigl，1997）。自未冻区迁移出的未冻水在冻结锋面聚集，形成冰透镜体（Johnsson et al.，1995；Taber，1930；Loch and Kay，1978）。整个过程重复贯穿于分凝冰形成过程，直至温度梯度趋于稳定后停止。冰透镜体生成方向与温度梯度方向有关。冰透镜体可同时在垂直和平行于热量流动的方向生成。冰透镜体通常以垂直于温度梯度方向生成。若冰透镜体的阻碍致使未冻水向上迁移不畅，则未冻水可沿着侧向通过冻结缘，最终在土体内部形成网状的冰结构。同时，网状的冰结构刺入土体内部，生成裂隙。Chamberlain和Gow（1979）提出冻结过程中土体内部的负孔隙水压力导致其发生收缩变形，最终生成竖向裂隙。Arenson等（2008）将土体内部生成的裂隙归因于其拉应力超过抗拉强度。然而Chen等（2003）和Harris等（1988）通过试验得到土体内部裂隙是表面膨胀（冻胀）和外界温度共同作用的结果。Lai等（2014）认为土体内部温度梯度变化引起土体产生不均匀收缩变形，导致产生竖向裂缝，并将这种开裂生成机理称为温度开裂。当土体内部拉应力大于其抗拉强度时，其内部形成水平裂隙。水分沿着竖向裂隙迁移至水平向冰透镜体（其中竖向裂隙在水平向冰透镜体形成前已生成）。随着冻结时间和冻融循环次数的增加，竖向裂隙深度逐渐趋于稳定。冰透镜体横穿竖向裂缝并向冻结方向偏转，导致竖向裂缝的增加、流动阻力的降低以及随后融化阶段渗透性的增加。因此，土体表面温度越低，冻结速度越快，水分迁移量越小，竖向裂隙发育越差。Arenson 等（2008）同时指出，增加土体上覆压力将增大竖向裂隙间距，但会减小水平冰透镜体尺寸。Solomon（2007）认为土体上覆压力降低冰的熔点，同时增加了土体未冻水含量，导致孔隙冰和分凝冰体积的减小。

1.2.2　膨胀土的强度衰减性

干湿循环作用下土体处于饱和-非饱和的交替变动状态，长期的干湿循环作用必然会引起土体结构的改变和破坏，从而影响土体物理力学特性。

Elmashad 和 Ata（2016）对海水渗透作用下的黏土膨胀性进行了研究，结果表明，盐浓度的增加会导致高膨胀土的液限和膨胀性的降低，黏土膨胀的减少也与盐水渗透速率成一定比例。Bai 等（2014）对膨胀土的胀缩性进行了研究，发现湿化过程中产生的膨胀变形大于脱湿过程中的收缩变形。李雄威等（2009a）对膨胀土的裂隙发展、雨水入渗速率以及渗透系数的预测进行了研究。袁俊平等（2014）利用柔性壁渗透仪对重塑膨胀土进行了渗透试验，分别研究了有无裂隙、浸水历时长短等对膨胀土渗透性的影响规律，发现有裂隙时膨胀土渗透系数比无裂隙时大两个数量级左右；浸水后裂隙膨胀土的渗透性迅速显著降低，2～3d 后趋于稳定，与无裂隙膨胀土接近。Su（2012）提出了改进的 Fokker-Planck 方程，可用于计算膨胀土中水分的渗透吸收、交换及累计入渗量之间的关系。吕海波等（2013a，2013b，2009）对南宁地区干湿循环后的膨胀土进行了抗拉和抗剪强度试验，发现随着循环次数增加，强度指标不断衰减，直至最后趋于稳定，并用 S 形曲线函数对黏聚力进行拟合，取得较好的效果。李新明等（2014）对干湿循环前、后膨胀土的强度特性进行了较为系统的试验研究，结果表明干湿循环前重塑膨胀土和石灰改性膨胀土慢剪强度及强度参数均随干密度单调增加，而干湿循环后其黏聚力随干密度单调增加，干密度对内摩擦角的影响则明显变小。缪林昌和刘松玉（2002）对南阳膨胀土的强度特性进行了研究，依据常规三轴试验结果提出了非饱和膨胀土的吸力强度与饱和度之间的非线性关系式。Nowamooz（2014）从多尺度角度研究了 Bishop 公式中有效应力参数与饱和度之间的关系。

此外，冻融循环作为一种温度变化的具体形式，被视为一种特殊的强风化作用（郑郧等，2015；Wang et al.，2015）。冻融循环会改变土颗粒间的结构联结与排列方式，对土体物理力学性质会产生强烈影响。

土体的物理性质（如孔隙比、密度及渗透性等）在经历 3～9 次冻融循环后趋于稳定（Andersland and Ladanyi，1994；查甫生等，2016；常丹等，2014；Wang et al.，2016；Tang et al.，2010）。Konrad（1989）对不同应力历史条件下的黏土进行冻融循环试验，发现随着冻融循环次数的增加，超固结黏土的孔隙比 e 将增大，而正常固结黏土的孔隙比 e 则会减小。穆彦虎等（2011）发现随着冻融循环次数的增加，压实黄土试样的干密度先逐渐减小，后趋于稳定。许健等（2016）认为冻融循环作用下原状黄土内部结构遭到破坏，导致其渗透性的增加。赵刚等（2009）发现，在相同温度梯度条件下，试样的起始含水率越大，其水分迁移量越大。梁波等（2006）认为土体冻胀存在起始含水率，当试样含水率高于起始含水率时，试样发生冻胀；随着冻融循环次数的增加，试样最终冻胀量与融沉量持平，试样整体密度将趋于定值。许雷等（2016）发现，不同含水率的膨胀土试样在经历冻融循环作用后出现相反的体积变化规律，含水率低的试样出现"冻缩融胀"，而含水率高的试样出现"冻胀融缩"。Lai 等（2014）和 Qi 等（2010）对冻结过程中温度梯度（冷却速率）、吸力和上覆压力之间的关系进行研究，发现增大上覆压力可抑制土体内部冰透镜体的生成，减小其对土体结构性的破坏，同时也增大了融土的固结速率。同时，冻融循环作用下外部施加条件（冻融循环次数、围压及上覆压力等）对土体力学特性产生较大影响（Talamucci，2003；Wang et al.，2007；Simonsen and Isacsson，2001；Qi et al.，2008；戴张俊等，2013）。土体经历 3～10 次冻融循环后抗剪强度将趋于稳定（Liu and Peng，2009；Hight et al.，1990；Wang et al.，2015；Kong et al.，2014；Konrad，2010；Wang et al.，2013；Wang et al.，2017）。经过多次冻融循环后，黏土的抗剪强度略有增加。冰透镜的形成导致土颗粒发生移动，其孔隙比变化与土体结构变化建立联系，同时冰透镜的形成也将破坏土颗粒间的咬合，降低土体内部黏聚力，这将导致黏土强度的降低（Svec，1989）。在冻结过程中形成的冰键将增大土体内部孔隙，导致融化阶段整体承载力的下降。

由上述可知，对膨胀土问题的研究集中在干湿循环作用后膨胀土裂隙的发展和裂隙定量化，以及由此导致的膨胀土渗透性、强度等物理力学特性的变化上。而近些年伴随着寒区工程的大量建设，对膨胀土冻融作用的研究，逐渐受到学者们的重视，主要偏重从工程实际需要的角度出发，研究膨胀土在冻融作用下体积胀缩、抗剪强度等的变化。针对膨胀土开展干湿和冻融循环作用下物理力学特性的研究则相对较少，目前仅 Kong 等（2018）、曾志雄等（2018）和 Li 等（2018）考虑了湿干冻融循环累积作用对膨胀土力学特性的影响，并对循环前后试样的应力-应变特性进行归一化分析，但试验结果仅涉及单纯的干湿、冻融或湿干冻融循环对土体力学性质的影响，而湿干-冻融耦合下土体力学性质如何演化，即冻融过程对膨胀土力学性质的影响值得探讨。

1.3　膨胀土渠道破坏机制及稳定性研究现状

国内外对膨胀土边坡破坏的地质调查显示（Take，2003；Zhan，2003），膨胀土自身的特殊性质（裂隙性、胀缩性和超固结性），造成膨胀土边坡破坏较一般黏性土边坡破坏具有明显的渐进性、浅层性、时间性和反复性等破坏特征。故从现场原型及模型试验入手，结合数值模拟手段对渠道膨胀土边坡的失稳过程进行研究，有助于进一步揭示渠道膨胀土边坡的失稳破坏机制。

1.3.1　膨胀土渠道边坡的现场原型试验和模型试验

室内试验是针对膨胀土单元土体开展研究，但要研究膨胀土渠道边坡在复杂环境下的破坏模式，还需要借助模型试验甚至现场原位试验。刘静德（2010）通过小比尺边坡模型试验研究了膨胀土边坡的滑坡破坏模式，阐述了浅层牵拉失稳破坏的形式，同时强调了干湿循环是边坡变形发展的关键因素。丁金华（2014）认为浅层破坏是表层水分引起土体膨胀产生剪切力，使得土体内部产生应力重分布，进而导致局部土体产生剪切破坏。石北啸等（2014）研究了考虑吸力影响的膨胀土边坡模型在干湿循环条件下的破坏规律，认为是裂缝的发展导致了水分的进一步渗入，吸力骤降，进而强度降低导致破坏。然而，小比尺物理模型与原型相比内部应力与原型差异较大，一般用做定性分析。陆定杰等（2014）对南水北调南阳段膨胀土渠道的破坏特征及演化机制进行了研究，发现滑坡主要为渠道自身存在软弱夹层、人工开挖引起土体卸荷导致裂缝张开以及雨季水分的入渗造成。孔令伟等（2007）对南宁某膨胀土边坡现场进行监测，发现降水和蒸发是主导边坡破坏的因素；李雄威等（2009a，2009b）在其基础上进一步研究，发现膨胀土变形模量随含水率的增加呈幂函数形式逐渐降低，雨水入渗的影响深度是有限的。詹良通等（2003）对湖北膨胀土边坡进行原位监测，发现降水导致浅表层孔隙水压大增，使土体极易沿裂隙面发生滑动破坏。邹维列等（2009）将玻璃钢螺旋锚用于稳定膨胀土渠坡，开展了现场试验。长江科学院的研究团队（程展林和龚壁卫，2015）先后在湖北、河南等地开展了膨胀土渠坡的原位试验，深化了裂隙在边坡失稳中的控制作用，促进了滑坡机理的新认识。虽然现场原位试验可以完整反映边坡土体逐渐劣化的真实情况，但试验周期长、成本过高，降低了适用性。

离心模型试验是用离心力场模拟重力场，既能克服小比尺模型的应力差异过大，又避免了原位试验复杂耗时的难题，是研究渠道边坡稳定性较为理想的手段，具体设备如图 1.2 所示。Park 和 Kutter（2012）对水泥配比为 3%～5% 的黏性土边坡进行了离心模型试验，发现边坡静态破坏时剪切带较薄而动态破坏时剪切带更厚更分散，对于静态滑移面来说，其发展不受时间限制，动态滑移面比静态的更深。Kitazume 和 Takeyama（2013）通过离心模型试验和数值分析研究了边坡高度对软黏土边坡稳定性和变形的影响，结果表明随着边坡高度降低，路堤的破坏高度会增大。Ling H 和 Ling H I（2012）对 2005 年台风"彩蝶"引发的降雨滑坡进行了离心试验模拟，发现当累计降水量超过 400mm 时将引发边坡的整体破坏，小于 200mm 时只有坡脚破坏；当饱和度到达 80%时土体表观黏聚力可忽略不计，而内摩擦角基本不变。徐光明等（2006）采用离心模型试验对不同坡比膨胀土路堑的雨水入渗进行模拟，发现放缓坡比并不能有效阻止边坡失稳，而更应该做好防水处理。Ling 等（2009）对击实模型边坡在非饱和条件及降水条件下的稳定性进行了探究，结果表明降水导致基质吸力减少，黏聚力降低，进而导致边坡失稳破坏。陈生水等（2007）和程永辉等（2011）分别对干湿循环作用下膨胀土边坡的稳定性进行了研究，前者认为干湿循环的增加使得裂缝深度扩大，导致水分加剧入渗，最后使得土体强度降低发生失稳破坏；而后者认为浅表层膨胀土吸水产生膨胀，而坡面法向约束比较小，土体吸水产生的膨胀作用会导致沿法向的膨胀力大大高于切向，在超过抗剪强度之后土体就会产生破坏。邢义川等（2010）利用离心模型技术研究了地基浸水条件下膨胀土渠道的边坡变形，测出了边坡中含水率的分布，并得出了侧压力系数的变化规律。饶锡保等（2002）用 Duncan-Chang 模型计算了南水北调工程的膨胀土边坡，并与离心模型试验进行对比，获得了较为一致的结果。黄英豪等（2015）和张晨等（2016）对渠道的冻胀、冻融过程进行离心模拟试验，得到在封闭系统中细颗粒土的冻胀量与含水率及表面冻结指数有关，冻胀速率受冻结速率影响较大。同时，采用土工离心机研究膨胀土滑坡的配套传感器和测试手段也日趋完善。李京爽等（2008）开发了可用于离心模型试验中测量土体吸

(a) 60gt中型土工离心机

(b) 400gt大型土工离心机

图 1.2　NHRI 土工离心机（南京水利科学研究院）

力的传感器。胡耘等（2010）研制了对土体无干扰的位移量测及图像采集系统。刘小川（2017）开发了微型 TDR 含水率计、张力计及弯曲元的土体响应联合监测系统，并基于此开展了降水诱发非饱和粉土边坡浅层失稳的离心模型试验。

1.3.2 膨胀土渠道边坡的稳定性分析方法

数值模型是一种从实际研究对象中抽象出来的采用数学模型研究物理现象和规律的方法。但数值计算的准确性和精度主要依赖于计算者对相应实体物理模型和现象的准确把握和概括，以及输入参数和本构关系的准确性，因此数值分析必须依托模型试验或者现场试验等的结果才能做到有的放矢。

Lu 等（2013）在 FLAC3D 软件中结合强度折减法及双线性应变硬化/软化模型分析了膨胀土的边坡稳定性。Cheng 等（2014）认为传统的极限平衡理论无法反映膨胀土的渐进滑坡，所以采用了考虑膨胀土模型的极限平衡法，并证明膨胀变形在膨胀土边坡稳定过程中起着极为重要的作用；沈珠江和米占宽（2004）提出了非饱和土简化固结理论，并对枣庄膨胀土边坡人工降雨试验段的试验过程进行模拟，验证了其理论的可靠性和实用性；丁金华等（2015）采用 FLAC 非饱和二相流模型模拟降水引起的膨胀土边坡湿度场分布变化状态，引入含水率-膨胀系数的线性关系，提出一种适用于膨胀土边坡的湿度场-膨胀变形场-应力场的多场耦合数值分析方法，并与物理模型进行相互验证。郑澄锋等（2008）利用非饱和土简化固结理论对膨胀土边坡在干湿循环作用下的变形发展过程进行数值模拟，所得结果与试验吻合较好。Ray 等（2010）提出了采用无限边坡稳定模型的方法来估算边坡安全系数及其对水分变化的敏感性，非饱和区域水分的增加会导致边坡失稳的敏感性增加。Shen（1994）根据刚性冰理论提出了可操作模型用于解决分层土、非饱和土和保温层等条件下的冻胀预报等问题。Ladanyi 和 Shen（1987）在水动力模型基础上，建立了水-热-力"准三场"的准耦合模型，该模型具备一定的典型性。

1.4 高寒区季节性运行渠道湿干冻融耦合作用条件

由前述可知，渠道运行过程中，由于建设之初施工水平不足，未考虑铺设防渗排水体系，加之施工过程中防渗膜及混凝衬砌板发生损坏，造成渠水入渗，与渠基膨胀土直接接触，降低了渠坡的稳定性。另外，供水渠道工程位于北疆阿勒泰地区，属温带大陆性气候，冬季夜间最低气温可达–40.3℃，夏季平均气温为20℃。同时渠道采取季节性供水，每年 4~9 月通水，其他时间停水，冬季平均气温为–35℃，最大积雪深度73cm，最大冻深2m，夏季最高气温达39.8℃。渠道每年的通水、停水以及沿线夏季高温、冬季渠道现场经历的干湿交替、冻融循环过程本身较为复杂。图 1.3 为北疆渠道总干渠段沿线某气象站观测到的 2010~2016 年 6 年间地表温度分布情况。

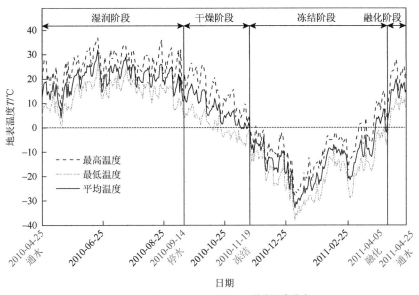

(a) 2010-04-25~2011-04-25地表温度分布

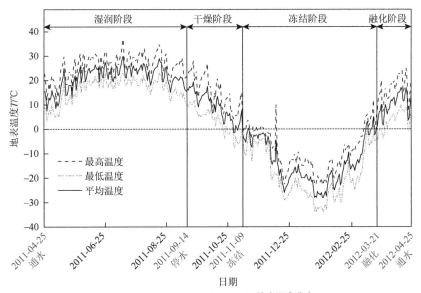

(b) 2011-04-25~2012-04-25地表温度分布

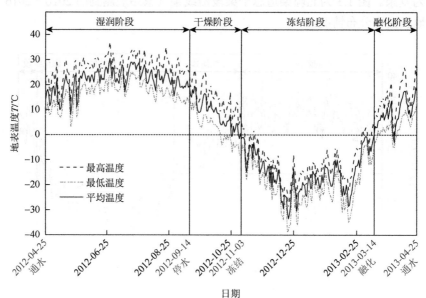

(c) 2012-04-25～2013-04-25地表温度分布

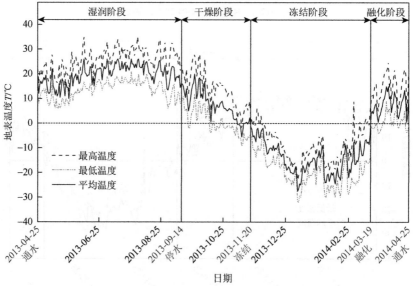

(d) 2013-04-25～2014-04-25地表温度分布

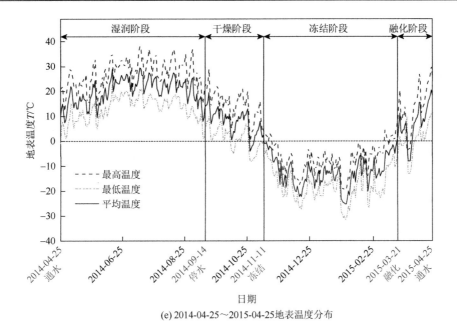

(e) 2014-04-25～2015-04-25地表温度分布

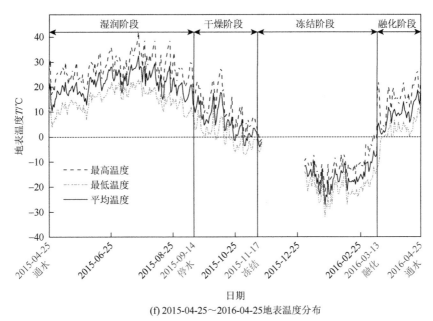

(f) 2015-04-25～2016-04-25地表温度分布

图 1.3 北疆输水渠道南干渠顶山段地表温度分布曲线

从图 1.3 中不难发现，北疆供水渠道为季节性供水渠道，即每年冬季不供水，供水期为 4～9 月。目前对季节性供水渠道边坡失稳问题多从单一冻胀变形或冻融损伤角度进行研究（张晨等，2016；李学军等，2007），但实际情况绝非如此。以

图 1.3（e）为例，2014 年 4 月 25 日至 2014 年 9 月 14 日为渠道通水期，渗漏渠基土处于湿化过程。2014 年 9 月 14 日渠道进入停水期，在近 3 个月的时间内地表温度始终高于 0℃，其间渠基土实际首先经历了干燥过程（渠道已停水，无外界水源补给）。在 2014 年 11 月 11 日地表温度完全降至冻结温度（一般认为水的冻结温度为 0℃）以下，此时渠基土进入冻结状态。随后地表温度在 2015 年 3 月 21 日升至 0℃以上，此时渠道仍未通水，渠基土处于融化阶段。综上所述，渠基土在全年所经历的边界条件可概化为湿润—干燥—冻结—融化（简称湿干冻融）耦合的边界条件，渠基土在每年经历上述反复的湿干冻融耦合循环后产生劣化，造成渠基土强度的衰减和裂隙的开展，最终导致膨胀土渠道边坡的失稳。

总体可以发现：①冻土主要涉及的是温度变化引起的水分相变从而导致物理力学特性的改变，而膨胀土是水分的散失或增加引起的性质改变；②研究集中在对膨胀土干湿循环作用后的裂隙性、胀缩性、强度衰减性等方面，积累了较为成熟的研究方法；③目前研究以对土体单元试验为主，现场监测及数值模拟为辅，而物理模型试验逐渐丰富，相关测试方法日趋完善；④虽然对普通土体（黏土、砂土等）冻融作用的研究很多，但是对膨胀土在冻融循环后物理力学特性的研究，近些年才逐渐进入学者的研究视野，其中研究还有待进一步的加强。

冻融和干湿导致土体劣化，本质都是由于水分的多少或形态的变化引起的工程问题。而渠道作为长距离输水的主要建筑物，受水分的影响最为直接和长期。干湿循环会导致膨胀土渠道的滑坡破坏（大多为浅层），而冻融循环会导致渠基土的冻胀融沉致使渠道结构破坏，干湿和冻融的耦合循环和相互促进势必会造成膨胀土渠道更加严重的失稳破坏，上述破坏模式已在通水近 20 年的北疆供水工程总干渠得到印证。遗憾的是，目前有关土体在经历干湿循环和冻融循环两种作用耦合影响下的劣化研究相对较少，而我国高寒膨胀土地区长距离供水工程的建设迫切需要回答干湿冻融耦合作用下膨胀土渠道的劣化过程和破坏机制等基础问题。

第2章 湿干和冻融循环下膨胀土裂隙演化规律

裂隙的发生与发展是膨胀土在各种外部条件作用下表现出的显著特征。在高寒季节性冻土区，膨胀土长期处于湿干冻融耦合的环境中，易形成裂隙，对其强度、渗透及变形特性造成较大影响。目前对于膨胀土因干湿循环产生的裂隙规律已经进行了大量的研究，而湿干冻融耦合下裂隙如何演化，即冻融过程对膨胀土裂隙演化特征的影响值得探讨。

2.1 膨胀土裂隙试验的设计和方法

本节利用单向环境边界加载系统实现了复杂条件下膨胀土单向边界的精确加载，同时对裂隙试验过程中涉及的试样尺寸及裂隙图像采集、处理问题进行了探讨，为后续的裂隙单元试验研究提供了基础。

2.1.1 试验材料与方法

1. 试验土样

试验土样取自北疆供水渠道工程现场，取样深度为1m，土样呈黄色。将取自现场的土料按《土工试验方法标准》（GB/T 50123—2019），经自然风干、人工碾碎及过2mm筛后采用四分对角取样法获取过筛土，密封保存。取一定质量土样进行基本物理性质试验，试验结果见表2.1。由《膨胀土地区建筑技术规范》（GB 50112—2013）分类可知，试验膨胀土具有中等膨胀性。对风干后土样进行轻型击实试验，得到本次试验土样最优含水率 w_{opt} 为24.1%，最大干密度 ρ_{dmax} 为1.56g/cm^3。通过X射线衍射仪确定土样的矿物成分，具体组成如表2.2所示。

表 2.1 膨胀土物理性质指标

G_s	土体塑限 w_P/%	土体液限 w_L/%	自由膨胀率 δ_{ef}/%	颗粒组成/%		
				>0.075mm	0.075~0.005mm	<0.005mm
2.67	20.3	65.9	76	18	41	41

表 2.2　膨胀土矿物成分及含量

	矿物成分			
	蒙脱石	石英	长石	方解石和钠长石
膨胀土/%	61.5	31.9	6.1	0.5

2. 湿干冻融耦合循环边界的设置

考虑土体的饱和度（S_r）受湿干冻融耦合循环过程影响最为明显，且容易通过现场试验获得，故采用控制渠基土在由正温变负温时刻的饱和度（S_{rcr}，图 2.1），结合通水、停水、正温变负温、负温变正温四个时间节点饱和度的方法，实现北疆渠道现场湿干与冻融耦合全过程的模拟（蔡正银等，2019a，2019b）。图 2.1 为本次试验湿干冻融耦合循环过程的具体参数设置。初始饱和度 S_{r0} 对应渠基土初始压实状态。湿润阶段结束时刻饱和度 S_{rsat} 对应渠道通水后考虑最不利工况下渠基土的最大饱和状态。临界饱和度 S_{rcr} 表示渠基土经历干燥阶段后对应的饱和度。结合现场实测结果，确定本次试验的 $S_{rcr} = 0.7 S_{rsat}$。饱和度 S_{rf} 和 S_{rt} 对应渠基土经历冻结和融化阶段后的饱和度（朱洵等，2019）。

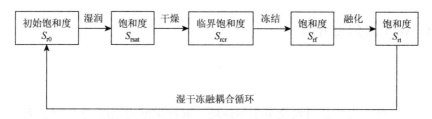

图 2.1　湿干冻融耦合循环过程边界设置

参考渠道沿线的全年地表温度分布，确定冻结温度为 –20℃，融化温度为20℃，而干燥温度为 40℃。试样的冻结时间为 24h，融化时间为 36h，在此时间段内试样能够保证充分的冻结与融化。以试样经历湿润-干燥-冻结-融化作为一个循环，单次循环中边界温度、时间及循环次数的具体设置如表 2.3 所示。考虑实际现场最不利工况，即初始试样在湿润阶段即达到饱和。采用抽气饱和法模拟试样湿润过程，考虑试样体积较大，对试样进行抽气 4h、饱水 24h 处理，保证最终饱和试样的饱和度均在 95%以上，抽气饱和装置如图 2.2 所示；试样干燥阶段则采用低温（40℃）烘干法进行模拟，干燥阶段中采用称重法（天平精度为 0.1g）对不同时刻试样质量进行采集（干燥阶段初期采集频率为 2h/次，当接近试样临界饱和度时采集频率为 0.1h/次），当试样到达临界饱和度 S_{rcr} 时立刻停止干燥阶段试验，试样转入冻结阶段。冻结阶段和融化阶段均在冻融循环箱中进行，同样采用称重法获取各时刻试样质量（采集频率 2h/次）。试验共进行七次循环。

表 2.3　湿干冻融耦合循环边界条件

项目	湿润阶段	干燥阶段	冻结阶段	融化阶段
温度/℃	室温	40	−20	20
时间/h	—	至 S_{rcr} 为止	24	36
循环次数		7		
边界施加方式	抽气饱和	称重法对试样质量进行监控		

注："—"表示持续时间以质量稳定为准；温度指的是冷源或热源的温度

(a) 试验容器及透水装置

(b) 试验抽气饱和装置

图 2.2　大尺寸试样抽气饱和装置

干湿循环边界参照湿干冻融耦合边界进行设置，如表 2.4 所示，其中干燥温度同样选为 40℃，该阶段在低温烘干箱内进行。湿润阶段同样采用抽气饱和过程进行模拟。试验循环次数为七次，质量采集频率与湿干冻融耦合边界一致。

表 2.4　单次干湿循环边界设置

项目	湿润阶段	干燥阶段
温度/℃	室温	40
时间/h	—	至 S_{rcr} 为止
循环次数		7
边界施加方式	抽气饱和	称重法对试样质量进行监控

注："—"表示持续时间以质量稳定为准；温度指的是冷源或热源的温度

3. 试样尺寸选择及制作

在进行膨胀土裂隙试验时，需考虑试样尺寸效应对裂隙发育的影响。试样尺寸越小，越不易开裂。试样尺寸逐渐增大时，尺寸效应会明显减弱，当达到某一尺寸时得到的裂隙结果可反映原型分布。

针对这一问题，选择不同直径的试样进行冻融试验，边界设置如表 2.5 所示，每个试验共进行七次冻融循环。图 2.3 为七次循环完成后不同直径膨胀土试样的裂隙分布图。对原图进行灰度化、降噪及二值化处理后，计算得到各尺寸试样表面裂隙率，如图 2.4 所示。通过对比不同试样尺寸 d 对应的表面裂隙率，发现当 d 增至 190mm 时，其表面裂隙率逐渐趋于稳定。同时从均匀性角度对试样表面裂隙均匀性进行分析，分别选取试样表面积的 50%、60%、70%、80%、90% 及 100%（同心圆）进行表面裂隙率计算，得到不同百分比表面积对应的裂隙率均值及标准差。

表 2.5　试样尺寸选择试验边界设置

项目	直径 d/mm			
	100	190	290	390
表面裂隙率	0.207	0.179	0.203	0.206
高度 h/mm	10			
含水率 w/%	试验采用泥浆样，含水率为 1.5 倍液限（约为 98.9%）			
冻结、融化温度/℃ 时间/h	冻结温度–20℃，冻结时间 24h；融化温度 20℃，融化时间 36h			

由图 2.4 可知，不同尺寸下各百分比表面积对应的裂隙率分布类似，随试样尺寸的增加，其表面各百分比的裂隙标准差逐渐降低，即试样表面裂隙逐渐趋于均匀。比较不同尺寸条件下试样表面最终裂隙率与其裂隙分布均匀性，初步确定试样的直径 $d = 190$mm，这与 Li 等（2009）、Li 和 Zhang（2010）的研究结果类似，其通过对膨胀土现场裂隙进行统计后得到单条裂隙的平均长度约为 27.5mm，并提出当试样直径为平均裂隙长度的 5 倍（即 137.5mm）时，可基本消除尺寸效应的影响。与此同时，试样高度对裂隙的发育也产生重要影响。Benson 和 Boutwell（2000）通过对不同高径比（H/D）条件下压实黏土试样进行渗透性试验后指出，在 $H/D = 0.5$ 和 $H/D = 1.0$ 条件下获得的渗透系数基本一致，即高径比为 0.5 的试样就可以较为合理地模拟现场实际情况，继续增加高径比不会显著提高模拟的准确性。综合考虑各种因素，本次试验选用直径为 200mm、高度为 105mm 的试样。

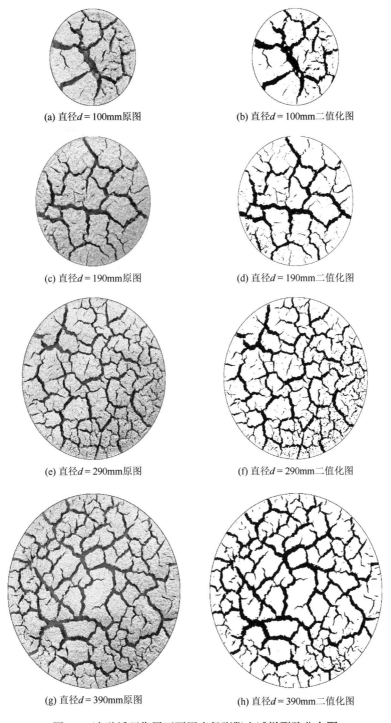

(a) 直径d = 100mm原图

(b) 直径d = 100mm二值化图

(c) 直径d = 190mm原图

(d) 直径d = 190mm二值化图

(e) 直径d = 290mm原图

(f) 直径d = 290mm二值化图

(g) 直径d = 390mm原图

(h) 直径d = 390mm二值化图

图2.3　冻融循环作用下不同直径膨胀土试样裂隙分布图

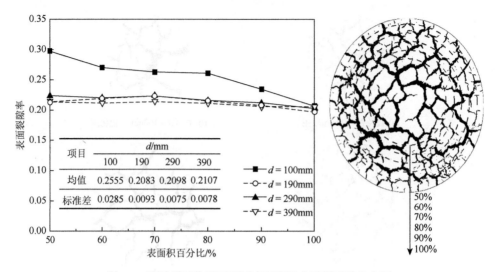

图 2.4　冻融循环作用下不同直径膨胀土试样裂隙分布图

通过预试验发现，采用常规分层压实法制得的试样存在"层间薄弱带"问题，当对试样进行干湿或冻融试验时，裂隙首先沿层间薄弱带扩展，难以反映自然状态中裂隙自上而下的发展规律。针对这一问题，郑剑锋等（2008）选择一次成型两头压实制样方法，具体结果如图 2.5 所示，其中，N 为层数；试样各层的干密度和含水率分布分别采用环刀切样法和烘干法测定。对各层试样的均值及标准差进行分析，发现采用一次成型两头压实法制得试样的含水率和干密度分布较为均匀，且分布较有规律，且较其他制样方法（分层压实法和泥浆法）更易控制试样的均匀性。故本次试验也采用这一制样方法。

试验具体制样过程如下：首先测定过筛土的初始含水率，按试验目标含水率（$w_{opt} = 24.1\%$）及干密度（$\rho_{dmax} = 1.56 \text{g/cm}^3$）称取对应质量的蒸馏水和土；然后采用喷雾法均匀地将蒸馏水加入土样中，密封闷料 24h 使土样内部水分均匀。在有机玻璃模具侧壁涂抹适量凡士林，将土料一次性均匀倒入模具中，采用两头压实法制取试样，待试样压制后用保鲜膜包裹模具顶部与底部以防止内部水分蒸发，如图 2.6 所示。

4. 单向边界加载装置

为了较真实地模拟现场渠基土在经历湿干冻融耦合循环作用后裂隙所呈现出由表层向深部发育的演化过程，选择试验的边界为单向施加，即仅试样上表面受边界条件影响。实际操作中，通常选择将压制完成的试样（连同模具）置于四周及底部隔热的装置中以达到单向环境边界加载效果（蔡正银等，2019a）。

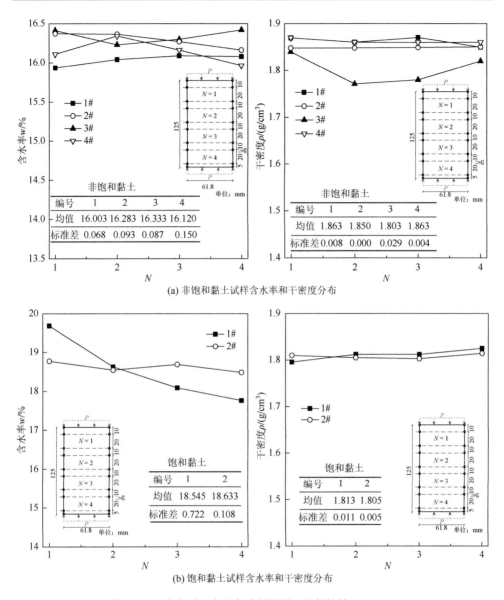

(a) 非饱和黏土试样含水率和干密度分布

(b) 饱和黏土试样含水率和干密度分布

图 2.5　一次成型两头压实法制样图（郑剑锋等，2008）

　　本次试验通过在模具四壁和底部设置三道隔热层的方式来实现边界条件的单向施加。首先在模具四周设置厚度为 50mm 的隔热海绵，用箍圈及胶水进行固定，如图 2.7（a）所示；将其放入预制的隔热箱中（隔热箱底部和侧壁均设置厚度为 150mm 的隔热板），同时在隔热模具与隔热箱间填充玻璃棉以确保模具四壁和底部的隔热［图 2.7（b）］。然后用一块厚度为 50mm 的隔热海绵实现装置上部的密封。最终得到单向环境边界加载装置，如图 2.7（d）所示。

图 2.6　压样过程图

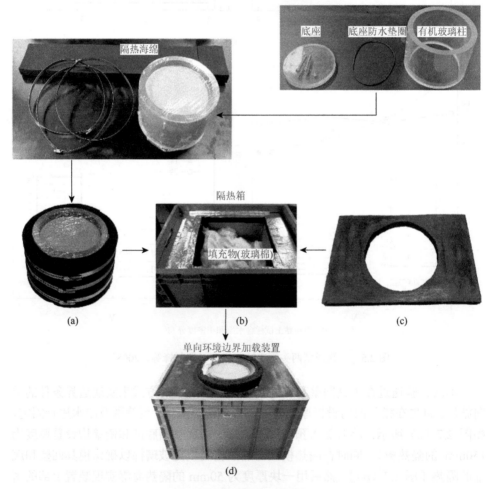

图 2.7　单向环境边界加载装置示意图

为了验证本装置环境边界加载的准确性，在试样不同高度处安装热敏电阻，对该位置处的温度进行测量。试验采用的热敏电阻型号为PT—100，工作温度-50～120℃，阻值误差为1%。埋设深度距离试样顶部依次为5mm、50mm和95mm，对应标号T_1、T_2和T_3，分别表示试样的顶部、中部和底部温度。

图2.8为不同深度热敏电阻在试样经历一次冻结和融化作用下的温度随时间变化曲线。T_1、T_2及T_3位置处温度响应差异明显，表现为冻结过程中靠近冷源（上表面）位置的温度响应明显早于远离冷源位置；融化阶段试样靠近热源位置首先发生融化，随着融化时间的增加，远离热源位置土体逐渐融化，上述现象说明了本试验装置初步实现了温度边界的单向施加。同时周家作等（2015）指出，土体的完全冻结与其所对应的过冷温度（T_s）存在联系，即当环境温度处于过冷温度以下时，土体处于冻结状态；高于过冷温度，土体不发生冻结，具体关系如图2.9

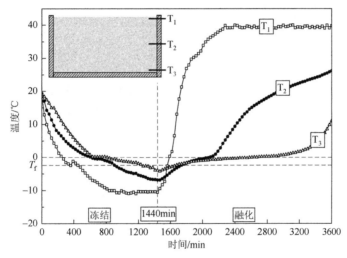

图2.8　单向环境边界加载装置

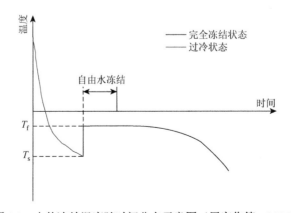

图2.9　土体冻结温度随时间分布示意图（周家作等，2015）

所示。由图 2.9 可知，本次试验土样的过冷温度 T_f 约为 $-2.5℃$，这与 Style 等的研究结果类似。试样内部 T_1、T_2 及 T_3 位置处的环境温度均低于过冷温度（T_s），试验土样在经历冻结阶段后，整体处于完全冻结状态。

综上所述，可认为本次试验所设计的单向边界加载装置基本实现了试样整体的冻结、融化与温度边界的单向施加功能。

需要说明的是，由于本次试验为大尺寸单元性试验，试样在经历单向湿干冻融耦合循环边界作用下内部存在明显的干燥锋面，使得试样内部水分沿深度方向存在明显差异。为了减缓这一现象的发展，采用密封法对试样内部的水汽进行一定程度的平衡，具体操作如下：在每次循环后，采用保鲜膜将试样顶部进行密封；同时将试样（连同隔热箱）静置于室温中进行水汽平衡，时间为 24h。

2.1.2　试样表面及内部裂隙采集

1. 试样表面裂隙采集系统

试样的表面裂隙通过数码相机（Olympus EM10）进行实时采集，如图 2.10 所示。相机固定高度为 50cm，为了使得试样表面裂隙拍摄清晰，在试样两侧各设置一个白炽灯（35W）。试样表面裂隙采集频率为 2h/次。

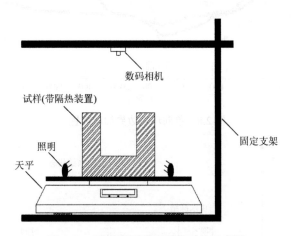

图 2.10　试样表面裂隙采集系统示意图

2. CT 扫描系统

土体裂隙的生成和发展是一个三维过程，不能单独从表面裂隙进行分析。为解决这一问题，采用 CT 对裂隙的三维特征进行切片分析。

试验在中国科学院寒区旱区环境与工程研究所 CT
系统上进行，如图 2.11 所示，该 CT 扫描系统进行试验
时的扫描电压为 120kV，电流为 235mA，水平分辨率为
0.3mm×0.3mm/像素点，扫描层厚为 3mm（即体素为
0.3mm×0.3mm× 3mm），具体系统参数可参考表 2.6。
切片扫描分别在湿干及湿干冻融耦合循环的第一、三、
五和七次后进行，每组试验共计八次。

图 2.11　CT 系统示意图

表 2.6　CT 扫描系统具体参数

项目	参数	项目	参数
CT 机型号	Philips Brilliance	图像显示矩阵	1024×1024pixels
扫描电压	120kV	最小像素值	0.3mm
扫描电流	235mA	HU 标度	−1024~3071
扫描直径	200mm	可视密度分辨率	0.3%
扫描长度	105mm	探测器排数	16
扫描层厚	3mm		

3. CT 图像的采集与分割

将达到预定循环次数的试样（同时完成密封静置 24h）置于 CT 床规定区域
（图 2.12），调整试样位置使试样侧壁与顶部激光相垂直。以初始试样为例，CT 扫
描从试样底部开始至顶部停止，共计 35 张切片（初始为 35 张，但试样在经历循
环边界条件作用后高度会发生变化，故切片张数会随之发生变化）；由于在扫描
过程中常存在探测器扫描工作不一致等原因，易在试样顶部和底部形成环状伪
影，影响后期对裂隙的定量化处理，故每次扫描均删除顶部和底部各一张切片，
最终 33 张切片用于分析。如图 2.12 所示，对删减后的 CT 图片进行裁剪，去除有
机玻璃模具对试样的影响，最终得到试样直径为 199.8mm。随后试样转化为 8bit 灰
度图像以方便后续处理，在此基础上对图像采用中值球形滤波法（直径为 5voxel），
以达到降低高频噪声的目的（蔡正银等，2019a，2019b）。

图像分割是图像处理的重要步骤，分割效果的好坏对后续试样内部裂隙识别
的准确率产生直接影响，最终影响三维裂隙定量化结果的失真程度。目前多采用
基于灰度直方图的方法自动确定二值的分割阈值，但也限于对单个切片进行分割，
在试样整体多张图像进行分割时存在阈值划分不准确的问题。针对这一问题，采
用全局选取结合局部验证两个步骤对试样裂隙分割的阈值进行选取的方法，其流
程如图 2.13 所示。具体操作如下：

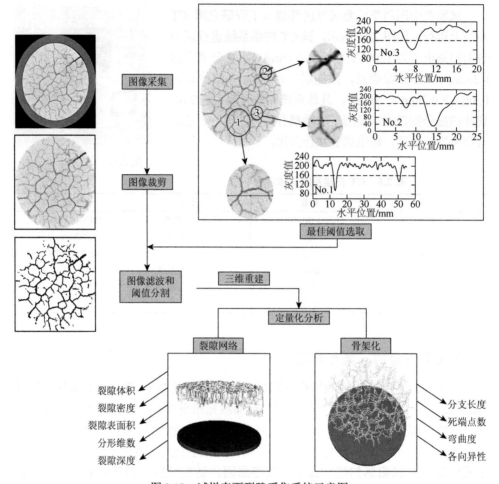

图 2.12　试样表面裂隙采集系统示意图

（1）对试样所有切片的像素点进行统计并构建基于整体试样的灰度直方图；

（2）选择 Matlab 软件中自带的 K 均值聚类（K-means）函数作为本次最佳阈值选取流程中的聚类准则函数 D；

（3）从整体灰度直方图中随机选取 k 个灰度值作为 k 个聚类中心，对剩余各灰度值按欧氏距离计算其到各聚类中心的长度，形成新的聚类中心；

（4）将新获得的聚类中心代入聚类准则函数 D 中至函数 D 收敛，停止迭代；

（5）考虑结构连通性对图像噪声较为敏感，计算（4）中聚类中心对应的整体裂隙网络连通度，得到的最小连通度所对应的阈值即为适合试样所有切片的阈值参数（$T_{op} = 160$）。

在此基础上将全局选取得到的阈值代入代表性切片（如图 2.14 所示，选择第 33 张——顶部切片）中进行局部验证，确定全局选取阈值的合理性。

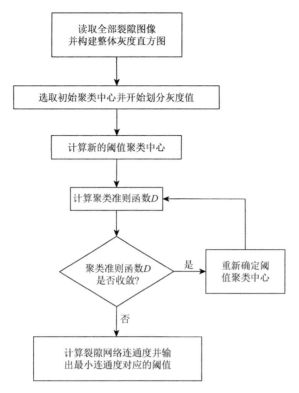

图 2.13　基于灰度直方图的聚类法裂隙图像最佳阈值选取流程

对试样各切片图像进行二值化处理，最终得到各层切片的裂隙分布，如图 2.14 所示（以湿干冻融耦合循环七次试样为例）。其中不同位置处试样内部裂隙存在较大差异，这也从侧面证实了在研究三维裂隙问题时，采用传统的表面测量具有较大的局限性。

4. 试样的三维重建

首先采用 ImageJ 中的 3D viewer 插件对 CT 扫描后的图像直接进行三维重建，其最终效果如图 2.15（a）所示（以湿干冻融耦合循环七次试样为例）。待全部循环结束后拆除试样外侧脱模，采集其表面裂隙形态，如图 2.15（b）所示。对比图 2.15（a）与（b）可知，三维重构后试样的表面与侧壁均与实物相似度较高，也从体视学角度证明了本次试验三维重建方法的准确性。

采用阈值选取步骤确定的最佳阈值对试样各切片图像进行二值化分割，再次利用 ImageJ 中的 3D viewer 插件对分割后的裂隙图像进行三维重建。结合 Matlab 软件对切片图像进行计算，并统计试样内部裂隙的三维结构形态特征参数，具体三维裂隙结构定量化指标如图 2.12 所示。

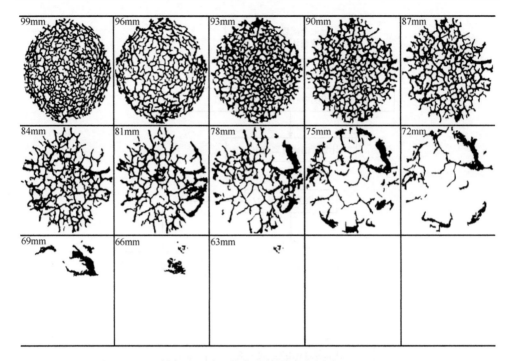

图 2.14　试样各层切片二值化后的裂隙分布图（WDFT$_s$ = 7）

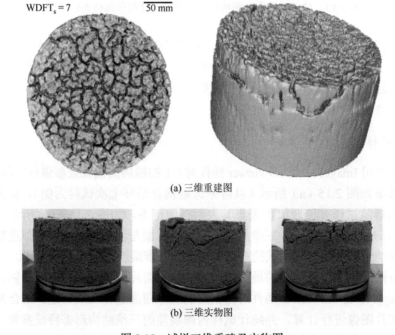

(a) 三维重建图

(b) 三维实物图

图 2.15　试样三维重建及实物图

2.2　湿干冻融耦合作用下膨胀土裂隙演化规律

本节首先以膨胀土表面裂隙为切入点，对其在经历不同干湿循环及湿干冻融耦合循环作用下的分布规律进行初步研究。在此基础上，通过切片裂隙率、分支数和弯曲度等三维裂隙结构指标对土体内部裂隙的空间分布及连通特征进行定量化描述，进一步研究不同湿干及湿干冻融耦合循环次数对裂隙网络演化规律的影响。最后通过裂隙体积法和三维分形维数法对湿干及湿干冻融耦合循环作用下土体内部整体的裂隙网络结构进行评价。

2.2.1　试样表面裂隙开裂模式

首先对湿干冻融耦合第一次循环（$WDFT_s = 1$）作用下试样表面的裂隙进行分析，如图 2.16（a）所示。在 $t_1 = 2.5h$ 时试样表面左上角首先出现裂隙；$t_1 = 4.5h$ 时较 $t_1 = 2.5h$ 时试样表面裂隙向下延伸，同时在右下角区域也出现部分裂隙；随着干燥时间的继续增加，试验初期表面形成的独立裂隙逐渐贯通；最终在 $t_1 = 15h$ 时裂隙完全贯穿试样表面；自 $t_1 = 15h$ 时起至干燥阶段结束（$t_1 = 34.2h$），试样表面裂隙发育基本稳定。在干燥阶段结束后试样直接转入冻结阶段，冻结过程持续 24h。对比图 2.16（a）中冻结阶段前后试样表面分布可知，冻结阶段结束时试样表面裂隙开度（$t_1 = 58.2h$）较冻结阶段开始时（$t_1 = 34.2h$）明显降低，即土体经历冻结过程后表面裂隙出现收缩。下面从两个角度重点对这一问题进行分析：一方面，冻结初期试样表面土体在较大的梯度（环境边界为单向施加）首先发生冻结，随着冻结时间的增加，试验上部冻结区域内未冻水膜不断变薄，与下部未冻区域水膜形成吸力梯度，未冻区液态水在水膜吸力梯度作用下向上发生迁移，并在冰透镜体锋面附近发生聚集，为冰透镜体的形成提供补给（Andersland and Ladanyi，1994）。同时，冻结过程中试样土体在蒸发和冰升华的共同作用下含水率明显降低（Lu et al.，2016），最终造成表面裂隙逐渐增多。另一方面，冻结区域土体含水率的降低将导致其内部孔隙率减少（刘慧等，2016），从而导致干燥阶段生产裂隙在冻结阶段逐渐闭合。刘振亚等（2017）研究表明，试样饱和度对其冻结变形影响较大，饱和度较低土体冰水相变影响较小，土体呈冻缩特征，而饱和度较高土体，其内部冰水相变占主导作用，土体结构破坏明显，呈冻胀特征。

综上所述，试样内部液态水含量和相态对其裂隙分布及形态产生重要影响：当试样由干燥阶段转入冻结阶段时，其裂隙为抑制或促进取决于其进入冻结阶段时的临界饱和度，当临界饱和度较大时，冻结阶段对试验过的裂隙起到促进作

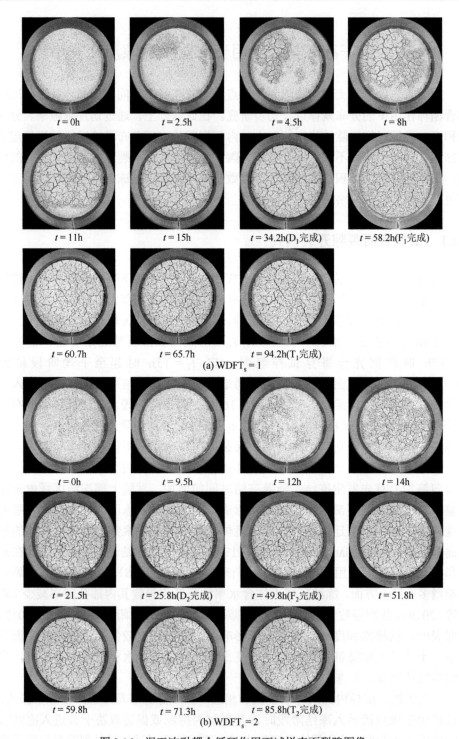

图 2.16　湿干冻融耦合循环作用下试样表面裂隙图像

用，反之则为抑制作用。在融化阶段，试样的含水率随融化时间的增长持续降低，表面裂隙又继续拓展，开始最终在 $t_1 = 65.7\mathrm{h}$ 时刻趋于稳定。当 $t_1 = 94.2\mathrm{h}$ 时刻试样融化阶段结束时，湿干冻融耦合第一次循环完成。

在湿干冻融耦合第二次循环（$\mathrm{WDFT_s} = 2$）过程中 [图 2.16（b）]，试样开裂模式与第一次循环类似，干燥阶段试样表面裂隙均呈现出先局部形成，后整体汇聚的发育模式。但第二次循环干燥阶段试样表面起裂时间（$t_2 = 9.5\mathrm{h}$）较第一次循环明显滞后（$t_1 = 2.5\mathrm{h}$），这主要是由于第一次循环过程中冻融过程对试样的影响。Wang 等（2015）通过试验发现，随着冻融循环次数的增加，压实度较高的试样整体表现出冻胀的趋势，而压实度较低的试样则发生融沉。试样在经历第一次循环中的冻、融阶段前干燥阶段已经完成，初始高压实度试样（压实度 100%）已形成一定深度的裂隙，可认为此刻试样的压实度较低，随后的冻、融阶段使得试样发生收缩压密现象，最终导致了第二次循环干燥阶段试样表面起裂时间的滞后。

2.2.2 试样表面裂隙率分布及水分变化

2.2.1 节主要对湿干及湿干冻融循环作用下表面裂隙进行了定性研究。大量研究表明（卢再华等，2002；徐彬等，2011），裂隙的开度、深度及长度等几何要素与含裂隙膨胀土的工程力学性质存在直接联系。目前表征裂隙几何特征的定量化指标很多（张家俊等，2011），本节选择表面裂隙率（R_{cr}）这一指标对土体表面的开裂程度进行定量化评价，计算公式如下：

$$R_{cr} = \frac{\sum\limits_{i=1}^{n} A_{ci}}{A_0} \tag{2-1}$$

式中，$\sum\limits_{i=1}^{n} A_{ci}$ 为试样表面的所有裂隙围成的像素点之和；A_0 为试样表面的总像素点统计之和。

同时，考虑土体内部水分的散失是造成裂隙发育的决定性因素，故定义水分散失率 $v_{\mathrm{mass\ loss}}$ 用来描述外部环境边界作用下试样整体的水分变化速率，具体见式（2-2）。

$$v_{\mathrm{mass\ loss}} = \frac{m_{i+1} - m_i}{t_{i+1} - t_i} \tag{2-2}$$

式中，m_i 和 m_{i+1} 分别为 t_i 和 t_{i+1} 时刻试样的质量。

图 2.17 为干湿循环作用下试样表面裂隙及水分变化图。首先分析表面裂隙率的变化 [图 2.17（a）]，不同循环次数下试样表面裂隙率-时间曲线形态类似，表

面裂隙率随时间均呈现出先快速增加，后逐渐放缓，最终趋于稳定的变化规律。对比第一次循环（WD$_s$=1）和第七次循环（WD$_s$=7）试样表面裂隙率随时间的关系曲线可知，后者裂隙到达稳定的时间明显早于前者，这说明循环次数的增加使得试样表面裂隙更早地趋于稳定。这里需要注意的是，除了一次循环外，其余循环初始时刻对应的表面裂隙率均大于零，且随着循环次数的增加，对应的初始表面裂隙率呈增大趋势。造成这一现象的原因主要是在经历多次干湿循环后，试样表面裂隙出现塑性累积，导致膨胀土裂隙的膨胀性降低。

同样，对各次循环结束后试样表面的最终裂隙率进行统计后发现［图2.17（b）］，循环次数与试样表面最终裂隙率之间存在明显的幂函数分布特征，试样表面裂隙率在经历四次循环后最终趋于定值（12.31%）。同时对不同循环次数试样到达表面最大裂隙率的时间进行分析后发现，随着循环次数的增加，其表面达到最大裂隙

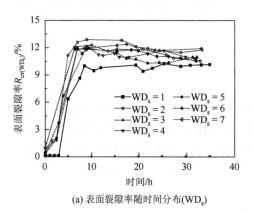

(a) 表面裂隙率随时间分布(WD$_s$)

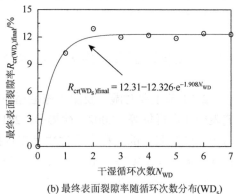

$$R_{cr(WD_s)final} = 12.31 - 12.326 \cdot e^{-1.908N_{WD}}$$

(b) 最终表面裂隙率随循环次数分布(WD$_s$)

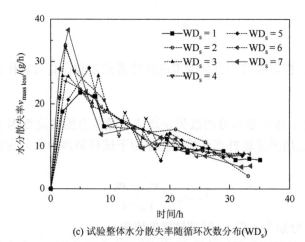

(c) 试验整体水分散失率随循环次数分布(WD$_s$)

图2.17　干湿循环作用下试样表面裂隙及水分变化图

率的时间逐渐缩短，这是因为初始试样均匀且表面无裂隙，但第一次循环产生的裂隙在第二次湿润过程中未完全闭合，此部分裂隙为随后的干燥过程提供了水分传输通道，加速了试样水分的散失，最终造成试样到达临界含水率的不同循环次数作用下试样水分散失率随时间曲线均呈现出先快速增大，后缓慢降低的趋势，如图 2.17（c）所示。试样在经历多次干湿循环后其最大水分散失率显著增大（$WD_s = 1$：22.67g/h；$WD_s = 7$：37.4g/h），第七次循环约为第一次的 1.65 倍。此处形成的水分散失率差异可从不同循环作用下裂隙的形态分布角度进行解释：随着干湿循环次数的增加，试样表面裂隙逐渐增加；同时裂隙在试样内部逐渐汇聚贯通，裂隙通道结构连通性的增加导致试样内部水分与外部环境进行交换的通道也随之增多，加速了试样内部水分的散失（Hassn et al.，2016）。

　　与干湿循环相比，不同湿干冻融耦合循环次数下裂隙率和水分随时间的变化曲线在曲线形态上并无太大差异（图 2.18），但湿干冻融耦合循环对应的裂隙率和水分分布均具有明显的阶段性特征，这与试样顶部所处的环境边界类型有关。首先对表面裂隙率-时间关系曲线的干燥部分进行研究，如图 2.18（a）所示，干燥阶段试样表面达到最大裂隙率的时间随耦合循环次数呈现出与干湿循环完全相反的分布特征，即在干燥阶段，试样到达最大裂隙率所需时间随耦合循环次数的增加而延长。产生上述滞后的原因可由 2.2.1 节中提到的低压实度土体的冻缩压密现象进行解释。试样在经历第一次耦合循环后体积发生收缩压密，使得试样在第二次干燥阶段达到最大裂隙率所需时间较初始状态发生滞后。这说明冻融循环不仅影响试样的起裂时间 [图 2.18（a）]，同时也对试样在干燥阶段达到最大裂隙率的时间产生影响。不同耦合循环作用下试样在冻结阶段的表面裂隙率均呈现出随冻结时间的增加而逐渐降低的趋势，且表面裂隙率的降低幅度基本不变，这说明冻结过程对试样表面裂隙率的影响与耦合循环次数无关。

　　将试样在不同阶段的最终表面裂隙率进行统计后发现 [图 2.18（b）]，各阶段试样的最终表面裂隙率随耦合循环次数变化规律类似，也均满足幂函数分布特征。各阶段试样的表面裂隙率在第四次耦合循环作用后基本趋于稳定，同时可以观察到试样表面裂隙率在经历增大（干燥阶段）、减小（冻结阶段）和二次增加（融化阶段）过程后，其最终状态（融化阶段）的表面裂隙率与干燥阶段近似，这说明在本次耦合循环边界中，干湿循环对试样表面裂隙率产生较大影响，冻融循环对表面裂隙率的影响不大。同时从侧面验证了通过表面裂隙率对试样裂隙进行评价的局限性，即仅采用表面裂隙率的评价方法低估了试样的开裂程度。采用与干湿循环类似的分析方法对试样的水分散失量进行处理，得到不同耦合循环作用下水分散失率随时间的分布曲线，如图 2.18（c）所示。不同耦合循环试样水分散失率随时间均经历先增大，后降低，再升高，最终趋于稳定的变化过程。与干湿循环作用相比，干燥阶段试样在不同耦合循环作用下所对应的最大水分

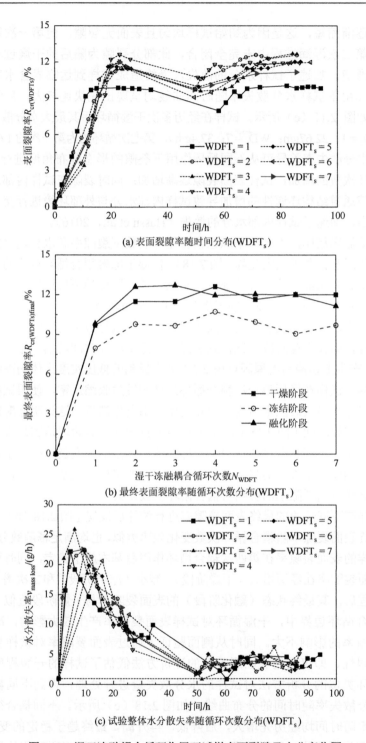

(a) 表面裂隙率随时间分布(WDFT$_s$)

(b) 最终表面裂隙率随循环次数分布(WDFT$_s$)

(c) 试验整体水分散失率随循环次数分布(WDFT$_s$)

图 2.18　湿干冻融耦合循环作用下试样表面裂隙及水分变化图

散失率变化幅度明显降低（WDFT$_s$ = 1：21.95g/h、WDFT$_s$ = 7：22.3g/h；WD$_s$ = 1：22.67g/h、WD$_s$ = 7：37.4g/h），这说明耦合循环中冻融过程抑制了试样水分散失率的增长。同时注意到，在第一次和第三次耦合循环冻结完成时刻试样的水分散失率均为负值，这是因为试样在冻结阶段完成后立刻转入融化阶段，此刻土体表面温度较低，与融化边界条件的温差较大，使得环境中的水蒸气发生液化，短时间内造成试样整体质量的增加，表现为水分散失率为负值。随着融化时间的增加，这一现象将逐渐消失。

2.2.3　试样内部裂隙的三维重建形态分布

图 2.19 为经历不同湿干和湿干冻融耦合循环后试样内部裂隙三维重建形态示意图，图中 WD$_s$ 为干湿循环次数，WDFT$_s$ 为湿干冻融循环次数。必须说明图中阴影部分为裂隙，黑色部分为底座。试样在两种不同试验边界条件下裂隙的发育方向类似，均沿边界加载方向，垂直于试样顶部向下发展，裂隙在经历七次循环结束后均未贯穿试样。对比两种边界作用下裂隙的分布形态，耦合循环作用下试样裂隙发育深度较单纯干湿循环有显著增强，这说明冻融过程进一步促进了裂隙的开展。

2.2.4　试样内部切片裂隙率及裂隙深度分布

已有研究发现，试样的裂隙三维形态与其内部含水率分布存在直接联系（唐朝生等，2007）。区别于传统试验中使用的多向边界加载方式，本次试验使用单向加载边界条件。试样在经历单向边界作用下，内部水分仅能通过上表面进入大气，造成试验过程中试样沿深度方向含水率的不均，故试样内部裂隙的分布与其所处深度存在直接关系。

图 2.20 为经历不同湿干和湿干冻融耦合循环次数下试样内部 CT 切片裂隙率沿深度的分布。首先对干湿循环作用进行分析，如图 2.20（a）所示，可以发现不同干湿循环次数下试样切片裂隙率沿深度方向的分布规律相似，均呈现顶部最大，沿深度方向逐渐递减的规律。第一次干湿循环作用下试样内部裂隙发育深度为27mm，对应试样初始高度的25.7%。随着干湿循环次数的增加，裂隙发育深度在三次循环后逐渐趋于稳定，对应深度为33mm，约占试样初始高度的31.4%。不同湿干冻融耦合循环次数下的切片裂隙率-深度分布规律与干湿循环类似，但耦合循环作用下试样的裂隙发育深度明显增加，由第一次的33mm 增至第五次的42mm并逐渐趋于稳定。

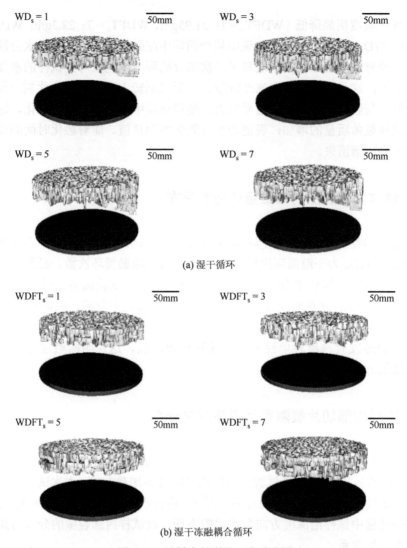

(a) 湿干循环

(b) 湿干冻融耦合循环

图 2.19　试样内部裂隙三维重建图

对比干湿循环和湿干冻融耦合循环作用下试样内部裂隙的最终发育深度，耦合循环较干湿循环增加了 **36.36%**，这说明湿干冻融耦合循环作用中的冻融过程加剧了试样裂隙向深部的拓展，宏观表现为裂隙发育深度的增加。为了进一步研究耦合循环中的冻融过程对裂隙的影响，引入无量纲参数 B，定义为每次湿干冻融耦合循环与干湿循环作用下裂隙发育深度的差值 ΔD_i 与对应干湿循环次数裂隙发育深度 D_{WD_i} 比值，即

$$B = \frac{\Delta D_i}{D_{\mathrm{WD}_i}} \tag{2-3}$$

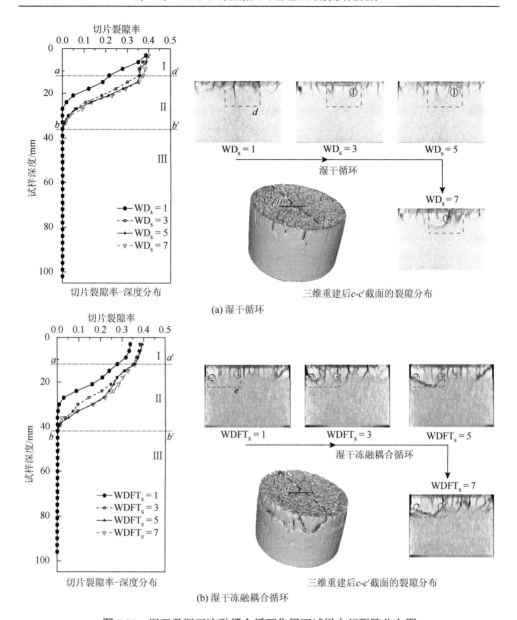

图 2.20　湿干及湿干冻融耦合循环作用下试样内部裂隙分布图

　　图 2.21 为 B 值与湿干冻融耦合循环次数 N 之间的关系曲线。可以发现 B 与湿干冻融耦合循环次数呈现出先递减后增加并逐渐趋于稳定的变化规律。第一次耦合循环作用下的 B 值最大（$B = 0.375$），表明第一次循环中的冻融过程对试验内部裂隙发育深度影响最大，当耦合循环次数达到五次后，随着循环次数的继续增加，对应的冻融过程对裂隙发育深度的影响逐渐趋于稳定（$B = 0.273$）。

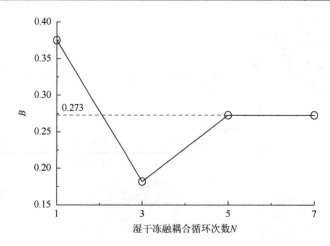

图 2.21 湿干冻融耦合循环作用下冻融过程对参数 *B* 的影响

　　根据试验获得的湿干及湿干冻融耦合循环作用下试样切片裂隙率随深度分布特征曲线［图 2.20（a）和（c）］，将裂隙沿试样深度方向的发育过程划分为三个典型区域：Ⅰ贯穿区（试样顶部至 *a-a′* 位置），在该区域内，裂隙随循环次数的增加，其沿深度方向的差异性逐渐降低，最终各层切片裂隙率逐渐趋于定值；Ⅱ渐变区（*a-a′* 位置至 *b-b′* 位置），此区域内切片裂隙率随深度均呈反比例关系；Ⅲ无影响区（*b-b′* 位置至试样底部），该区域试样无裂隙产生，可认为其不受湿干及湿干冻融耦合循环作用的影响，具体深度位置见表 2.7。在贯穿区Ⅰ，湿干及湿干冻融耦合循环作用对应的区域下边界深度（*a-a′*）均为 12mm，同时最终切片裂隙率也几乎一致（约为 40%），这说明对于贯穿区，耦合循环中的冻融过程并未加剧裂隙的发育，裂隙的生长主要受干湿循环影响；而渐变区Ⅱ裂隙发育深度较贯穿区存在较大差异，主要表现为干湿冻融耦合循环作用较干湿循环作用其渐变区下边界（*b-b′*）发生显著下移，下移量约占干湿循环渐变区长度的 43.5%，可认为耦合循环中的冻融过程对渐变区内裂隙发育深度产生较大影响。

表 2.7　湿干及湿干冻融耦合循环作用下试样影响区域位置统计

边界深度位置	干湿循环	湿干冻融耦合循环
a-a′	12mm	12mm
b-b′	35mm	45mm

注：*a-a′* 和 *b-b′* 的深度位置均为距离试样表面距离

　　对三维重建后的试样沿深度方向按 *c-c′* 截面（*θ* = 45°）进行切片处理，获得试样在经历不同湿干及湿干冻融耦合循环次数后内部裂隙分布剖面图，其中黑色部分为裂隙。与切片裂隙率结果［图 2.20（a）及（c）］类似，试样内部裂隙分布区域性特征明显，在影响区域内裂隙间存在明显的汇聚和贯通现象。以区域 e 内裂隙②和裂隙③的演化过程为例：循环一次后在区域 e 左侧形成裂隙②，同时表层裂隙③生成并逐渐向试样内部拓展；循环三次后多条微裂隙开始在裂隙②附近汇聚，并在区域 e 左侧局部贯通；在第五次循环后，裂隙②逐渐沿水平方向向试样内部拓展，裂隙③在向下发育的同时发生偏转，最终与裂隙②在区域 e 右侧整体贯通。多次湿干冻融耦合循环作用下，裂隙在影响范围内经历了起裂、微裂隙汇聚、局部贯通和整体贯通四个动态变化过程，最终裂隙在五次循环后趋于稳定。在经历湿干及湿干冻融耦合循环作用下，受影响区域内裂隙间存在不同程度的汇聚和贯通现象。对比图 2.20（b）和（d）中裂隙发育过程，发现裂隙在干湿循环作用下的汇聚与贯通程度明显弱于湿干冻融耦合循环。

2.2.5　试样内部裂隙的空间形态特征

为了进一步研究湿干冻融耦合循环对试样内部裂隙发育程度的影响，通过对二值图像［图 2.22（a）］进行骨架化处理，在保证裂隙重要形态特征（拓扑、长度及方向）的基础上减少图像中冗余信息对最终分析结果的影响。采用 3D 细化算法（Doube et al.，2010）对三维重建后的裂隙网络进行骨架化处理，提取裂隙中心轴主干，如图 2.22（b）所示。同时对分支数、分支长度和节点位置进行统计［图 2.22（c）］，得到裂隙网络骨架化分支特征分布。

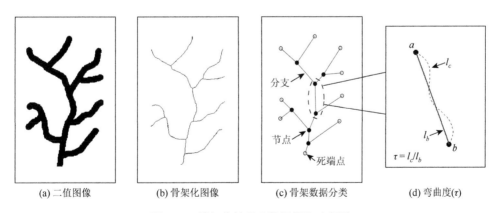

(a) 二值图像　　(b) 骨架化图像　　(c) 骨架数据分类　　(d) 弯曲度(τ)

图 2.22　骨架化处理及数据提取示意图

考虑试样内部裂隙网络结构的复杂性和连通性，按发育方向将分支划分为水平裂隙骨架分支（简称为水平分支）和非水平裂隙骨架分支（简称为非水平分支）。图 2.23 和图 2.24 分别为不同湿干及湿干冻融耦合循环次数下试样内部裂隙

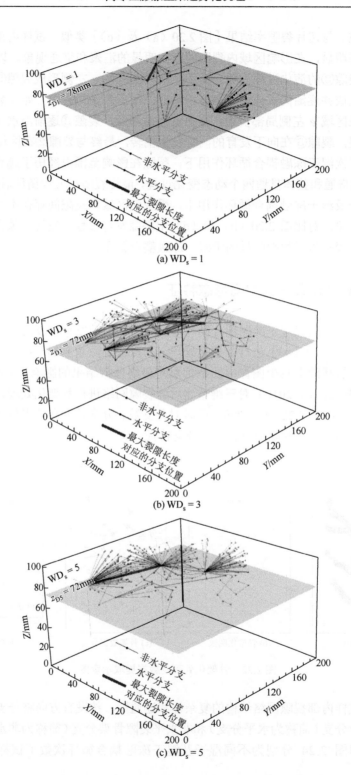

(a) $WD_s = 1$

(b) $WD_s = 3$

(c) $WD_s = 5$

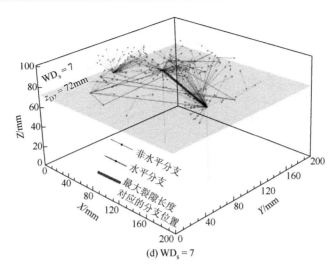

图 2.23　干湿循环作用下三维裂隙网络骨架化分支简化分布

骨架分支分布图（为便于观察分支的分布规律，仅在图中显示长度＞40mm 的分支）。

　　首先对干湿循环作用下的分支分布情况进行分析（图 2.23），试样经历一次循环作用后，内部裂隙分布较浅且较为分散，其中非水平裂隙（＞40mm）数目为 85（表 2.8），约占裂隙总数的 2.33%，水平裂隙数目则为 4，占裂隙总数的 0.11%；最长裂隙位于试样高度 78～84mm 区域内，位于图 2.20（a）中的Ⅱ区（裂隙渐变区）。随着循环次数的增加，至第五次循环结束后试样内部裂隙呈现出汇聚（在最长裂隙两端点处较为明显）和贯通现象（水平裂隙逐渐连通），此刻最长裂隙位于试样高度 75～78mm 区域内，同时最长裂隙形态较第一次循环出现显著的水平偏转。此外，非水平和水平裂隙数目均较第一次循环有大幅度的增长（非水平向为 400%，水平向为 475%），且逐渐趋于稳定。上述现象说明干湿循环作用对膨胀土试样内部裂隙拓展规律影响显著，随着循环次数的增加，裂隙发育模式由循环初期的浅层均匀分布向深部的汇聚偏转进行转化。同时由最长裂隙分布可知，Ⅱ区（裂隙渐变区）为试样内部裂隙拓展贯通的主要区域。湿干冻融耦合循环对试样内部裂隙的影响规律与干湿循环类似，均出现汇聚和偏转的现象。但对比两者的裂隙水平和非水平分支数，发现存在较大差异。经历一次耦合循环后，非水平分支（＞40mm）数为 48，约占分支总数的 0.79%，水平裂隙数则为 2，对应裂隙总数的 0.03%（表 2.9）；最长裂隙对应分支位置位于试样高度 66～93mm 区域内，贯穿试样的Ⅰ区（贯穿区）和Ⅱ区（渐变区），如图 2.20（c）所示。随着耦合循环次数的增加，五次循环后试样内部非水平分支呈现出明显的汇聚（最长分支两端

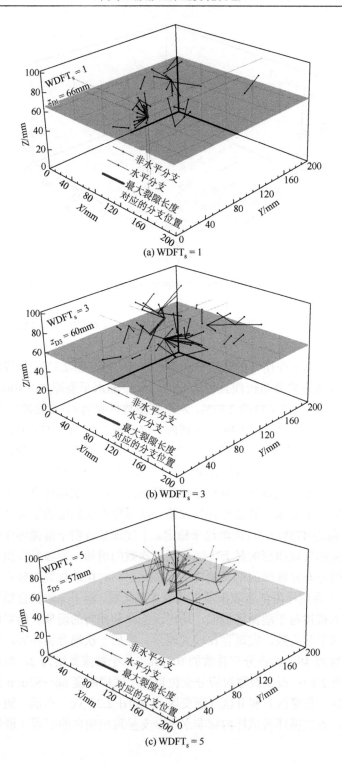

(a) WDFT$_s$ = 1

(b) WDFT$_s$ = 3

(c) WDFT$_s$ = 5

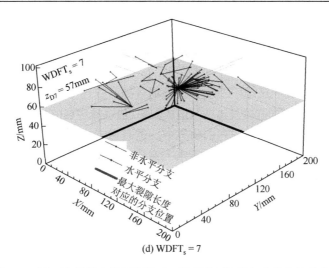

(d) WDFT$_s$ = 7

图 2.24　湿干冻融耦合循环作用下三维裂隙网络骨架化分支简化分布

点处较为明显）和贯通现象（水平分支逐渐连通），至七次循环结束后最长裂隙位于试样高度 72~81mm 区域内，对应试样的 II 区（渐变区），同时最长裂隙形态较一次循环出现一定程度的偏转。此外，非水平和水平分支数均较一次循环有大幅度增长（非水平向为 127%，水平向为 92%），且随着循环次数的增加而逐渐趋于稳定。

表 2.8　干湿循环作用下三维裂隙网络骨架化分支数据统计

项目	WD$_s$ = 1	WD$_s$ = 3	WD$_s$ = 5	WD$_s$ = 7
非水平分支数/总比	85/2.33%	235/4.06%	422/9.43%	599/9.13%
水平分支数/总比	4/0.11%	45/0.78%	23/0.52%	38/0.58%
最大裂隙长度	67.12	84.3	98.614	103.68（水平）

注：此处非水平分支数和水平分支数均为长度大于 40mm 的分支数目；总比为占分支总数的比例；最大裂隙长度单位为 mm

表 2.9　湿干冻融耦合循环作用下三维裂隙网络骨架化分支数据统计

项目	WDFT$_s$ = 1	WDFT$_s$ = 3	WDFT$_s$ = 5	WDFT$_s$ = 7
非水平分支数/总比	48/0.79%	67/1.39%	101/1.54%	109/1.55%
水平分支数/总比	2/0.03%	12/0.25%	21/0.32%	25/0.36%
最大裂隙长度	66.68	67.35	73.84	79.38

注：表中非水平数和水平数均为长度大于 40mm 的分支数目；总比为占分支总数的比例；最大裂隙长度单位为 mm

2.2.6　试样内部非水平裂隙长度及连通性特征

由上述可知，试样在湿干及湿干冻融耦合循环作用下裂隙呈现出由表层向内部的发育特征，对试样的强度及渗透性造成影响。殷宗泽等（2012）和袁俊平等（2016）均指出，在进行边坡稳定性问题的研究中，需着重考虑非水平向裂隙对土体强度及渗透性的影响。故下面尝试剔除沿水平方向分布后的裂隙，对试样内部非水平向分布的裂隙分布进行进一步的研究。

图 2.25 为干湿循环作用下试样内部非水平裂隙长度区间分布图（灰色部分）。各长度区间内，非水平裂隙频率与干湿循环次数大体呈正相关关系，即随着循环次数的增加，非水平裂隙频率逐渐增大。不同循环次数对应的非水平裂隙峰值频率均落在（10mm，20mm）长度区间内，这说明干湿循环作用下试样生成裂隙长度为（10mm，20mm）区间内的概率较大，可认为此区间为裂隙分布的敏感区间，随着非水平裂隙长度区间的继续增加，裂隙对干湿循环作用的敏感性逐渐降低。湿干冻融耦合循环对试样内部非水平裂隙长度分布的影响与干湿循环类似，均呈现出在某一长度区间内集中分布的特点。但对比非水平裂隙各长度区间频率及峰值频率对应区间，发现以 20mm 长度为界，湿干冻融耦合循环作用下大

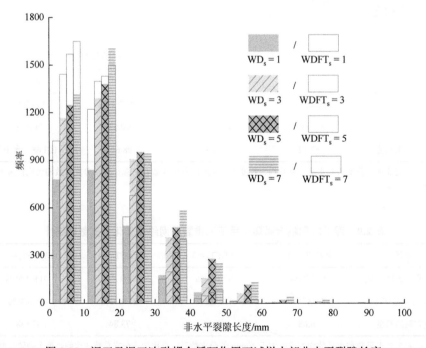

图 2.25　湿干及湿干冻融耦合循环作用下试样内部非水平裂隙长度

于 20mm 长度的裂隙出现的频率较干湿循环情况明显降低，而小于 20mm 长度的裂隙出现的频率较干湿循环作用下影响试样内部非水平裂隙长度显著增加。同时，非水平裂隙峰值频率对应的敏感区间（0mm，10mm）较干湿循环向左发生平移，导致裂隙在长度（0mm，10mm）区间内聚集。

由上述可知，湿干及湿干冻融耦合循环作用均对膨胀土试样内部裂隙拓展规律产生显著影响，裂隙沿深度方向均存在区域性、汇聚性及偏转特性的空间分布特征。但对两种作用下裂隙的水平及非水平分支数进行统计后发现，耦合循环作用后的分支数明显小于非耦合循环情况。产生这一现象主要因为耦合循环中的冻融过程造成试样内部长裂隙向短裂隙转化。冻融循环作为温度变化的具体形式，可以看成是一种特殊的强风化作用（郑郧等，2015），从微细观角度可视为土中矿物、颗粒或土壤团聚体的破碎和重组（冯德成等，2017）。试样在干燥阶段生成裂隙在经历冻融过程后发生破碎断裂，宏观表现为非水平向长裂隙向短裂隙的转化，在数据上体现为非水平和水平向裂隙数及最大裂隙长度的减小。

同样，考虑切片裂隙率和骨架分支特征（长度和位置）分布均属于累计参数，仅能反映试样内部三维空间内裂隙的数量、长度和走向，不足以对裂隙网络结构的连通性进行描述，这里采用弯曲度和死端点数对不同湿干及湿干冻融耦合循环次数作用下试样内部的三维裂隙网络结构连通性进行定量化分析。弯曲度（τ）作为描述试样内部裂隙网络结构形态特征的重要参数，直接决定了试样内部水分的分布及其向蒸发面的传输能力，具体可定义为三维空间内两节点间实际裂隙长度（l_c）与分支长度（l_b）之比，如图 2.22（d）所示。同时定义裂隙网络的平均弯曲度（$\bar{\tau}$）来对裂隙网络的整体弯曲度进行描述，其表达式为

$$\bar{\tau} = \frac{\sum_{i=1}^{n} l_{ci}}{\sum_{i=1}^{n} l_{bi}} \tag{2-4}$$

式中，系数 i 对应分支序号；n 为裂隙网络中的分支总数。

图 2.26（a）和图 2.27 分别给出了试样经历 1、3、5 及 7 次干湿循环后的弯曲度和平均弯曲度分布。各循环次数对应的弯曲度分布规律类似，均呈现出随弯曲度增大其对应区间内频率逐渐减小的趋势，同时 90%以上裂隙对应的弯曲度集中分布在[1, 2)区间内。试样在经历 1、3、5 及 7 次循环后[1, 2)区间对应的弯曲度频率分别为 2210、3678、4115 和 4675，这说明随着循环次数的增加，试样内部弯曲度分布在[1, 2)区间的裂隙数量逐渐增多，结合图 2.27 中不同干湿循环对应的裂隙网络的平均弯曲度（$\bar{\tau}_1 = 1.302$，$\bar{\tau}_3 = 1.308$，$\bar{\tau}_5 = 1.274$ 和 $\bar{\tau}_7 = 1.266$），说明试样在经历多次干湿循环作用后，内部裂隙弯曲度分布逐渐向[1, 2)区间集中。同时

干湿循环作用促进了试样内部裂隙网络的发育，使得裂隙网络的平均弯曲度降低，整体的连通性增加，宏观表现为试样内部渗透性的增加。

湿干冻融耦合循环作用对应的弯曲度和平均弯曲度分布 [图2.26 (b) 和图2.27] 与干湿循环的整体分布规律类似，随着循环次数的增加，两种循环作用下裂隙网络的平均弯曲度均不断减小，说明湿干及湿干冻融耦合循环均促进了试样内部裂隙的发育。对比两种作用下试样内部裂隙网络的平均弯曲度分布，至 7 次循环结束，湿干及湿干冻融耦合循环对应的平均弯曲度较 1 次循环分别下降了 2.76%

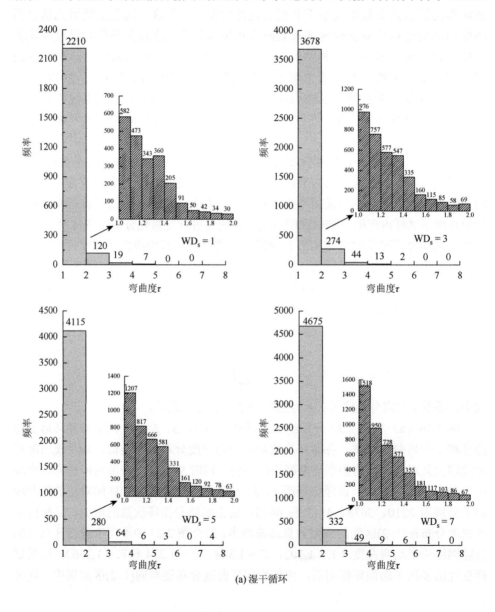

(a) 湿干循环

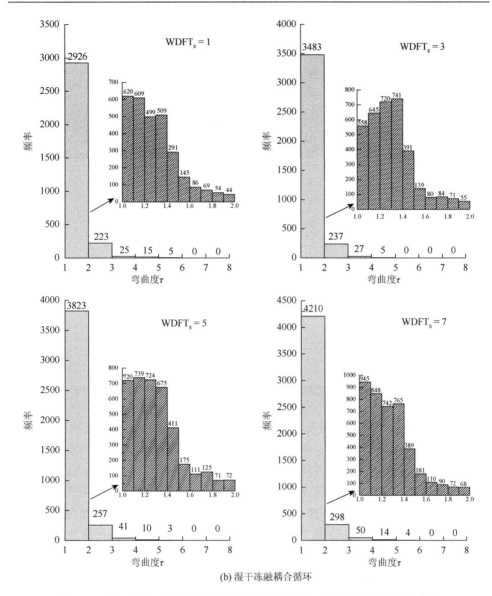

(b) 湿干冻融耦合循环

图 2.26　湿干及湿干冻融耦合循环作用下试样内部三维裂隙网络弯曲度分布

和 2.96%。但注意到，湿干冻融耦合循环作用下裂隙网络的平均弯曲度均高于干湿循环，其中原因可能是耦合循环中湿干过程形成的部分裂隙经历冻融过程后发生收缩闭合（Xu et al.，2015），同时长裂隙在破碎断裂过程存在淤积现象，最终导致湿干冻融耦合循环作用下裂隙网络平均弯曲度的增加。同时注意到，在对两种作用下试样内部裂隙在[1, 2)区间内的弯曲度进行细化时发现存在相反规律，干湿循环对应的细化区间-弯曲度频率随循环次数的增加逐渐降低；而湿干冻融耦合循环随循环次数的增加差异性较大，1 次和 7 次循环细化区间与弯曲度频率大体呈现出反比例变化规律。而 3 次和 5 次循环则呈现出单峰分布特性，峰值分别出现在[1.3, 1.4)和[1.1, 1.2)区间内。

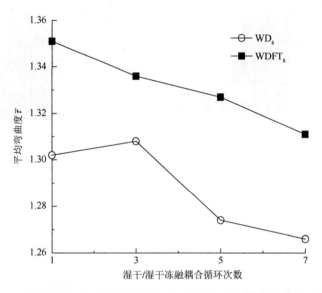

图 2.27　湿干及湿干冻融耦合循环作用下试样内部裂隙平均弯曲度分布

同样，死端点作为定量化评价裂隙网络连通程度的一个指标被广泛使用（Decarlo and Shokri，2014）。在分支节点结构中，死端点数可定义为描述分支四周小于两个邻近节点的一种连接类型，如图 2.22（c）所示。图 2.28（a）为不同干湿循环作用下试样内部裂隙网络死端点沿深度方向分布规律。不同干湿循环次数对应的死端点-深度分布规律类似，除第一次循环外，其他循环的最大死端点位置均位于试样中部，对应于图 2.20（a）中的Ⅱ区（渐变区）。随着深度的继续增加，试样的死端点数逐渐降低。在Ⅰ区（贯穿区）不同干湿循环对应的死端点-深度在（107，182）范围内波动，这是因为在单向环境边界作用下试样上表面与外部环境直接接触，导致Ⅰ区的裂隙发育程度较高 [图 2.20（a）]，裂隙网络的局部连通性较好，可认为湿干和冻融作用对该区域内的死端点影响不明显。Ⅱ区内死端点-深度分布较Ⅰ区存在较大差异，对比不同循环次数对应的死端点-深度分布曲线，发现随着循环次数的增加，试样在Ⅱ区的死端点峰值位置逐渐向下移动，这说明干湿循环促进了试样表层裂隙向深部的拓展。而湿干冻融耦合循环作用下试样内部死端点沿深度方向的分布规律与干湿循环类似，Ⅰ区（贯穿区）死端点均处于波动状态，但死端点在Ⅱ区（渐变区）的分布存在较大差异，对比不同湿干冻融耦合循环次数对应的死端点-深度分布，发现随着循环次数的增加，试样内部死端点-深度分布曲线大致经历了先下移后抬升的变化过程,可归因于裂隙的汇聚与贯通（图 2.20）：试样经历三次循环后裂隙深度逐渐增加,对应为死端点-深度分布曲线的逐渐下移；当经历五次循环后试样沿深度方向的发育逐渐减缓 [图 2.20（c）],同时在裂隙节点处的汇聚和多条裂隙间的贯通现象逐渐明显,导致其内部局部连通性的增强 [图 2.28（b）],表现为死端点-深度分布曲线的抬升。

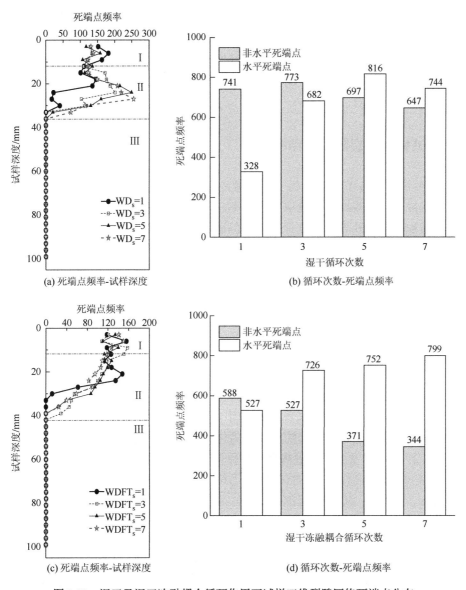

图 2.28　湿干及湿干冻融耦合循环作用下试样三维裂隙网络死端点分布

　　进一步对不同湿干及湿干冻融耦合循环次数对应的死端点频率进行分析，如图 2.28（b）和（d）所示。按死端点所处裂隙方向将其分为水平死端点和非水平死端点。首先对干湿循环作用进行分析，随着循环次数的增加，非水平死端点略微降低，而水平死端点则呈现出递增的变化规律。耦合循环作用对应的死端点频率分布与干湿循环变化规律类似，水平死端点与非水平死端点随湿干冻融耦合循环次数的增加呈现出较明显的相反规律分布特征，其中 7 次耦合循环后非水平死端点数目较 1 次耦合循环下降了约 41.5%。这说明耦合循环中的冻融过程对试验内部非水平裂隙影响较大，表现为非水平死端点频率的衰减，湿干冻融耦合循环次数的增加导致了非水平死端点频率的降低，这说明在此方向上循环次数对裂隙结构的渗透性起到促进作用。与此同时，水平死端点频率的增加说明试样水平方向的裂隙在逐步发育。

2.2.7　试样内部裂隙网络结构评价

　　2.2.4 节～2.2.6 节重点分析了干湿循环和湿干冻融耦合循环作用下试样内部裂隙的生成和演化规律，并选取了裂隙率、分支数、弯曲度及死端点数等指标对裂隙的体积、位置和连通性进行描述。但试样的强度和渗流特性由其内部整体的裂隙网络结构决定，单纯从某一角度对其进行描述，不能全面刻画出三维空间内完整的裂隙结构。

　　目前，对三维空间内完整裂隙结构的评价方法大致分为两种：一种为裂隙体积分数法，另一种为三维分形维数法。本节分别采取这两种方法对三维裂隙结构进行评价，并比较两种评价方法间的差异。

　　1. 裂隙体积分数法

　　土体裂隙的发育过程与其体积变化密切相关（唐朝生等，2011），从试样体积变化角度对湿干及湿干冻融耦合循环作用下裂隙的演化特征进行分析，有助于从机理角度进一步对由裂隙引起的膨胀土劣化问题进行研究。

　　图 2.29 为湿干及湿干冻融耦合循环作用下试样内部裂隙的典型剖面。从变形机理角度来看，试样发生的体积变化可以分为以下三个部分（Julina and Thyagaraj，2018）：沉降/隆起部分（V_s）、间隙部分（V_g）和裂隙部分（V_c）。沉降/隆起部分（V_s）表示多次循环下试样上表面较初始状态发生的竖向体积变化。需要注意的是，在经历循环下试样在竖向可能产生两种完全相反的体积变化（Aubert and Gasc-Barbier，2012）：一方面循环作用导致试样失水开裂，裂隙容易在水平方向汇聚 [图 2.20（d）和图 2.22（b）]，宏观表现为试样竖向体积的增大；另一方面由于膨胀土失水收缩，伴随着试样内部孔隙的收缩，表现为试样竖

向体积的减小。故试样在竖向所表现出的体积变化由上述两种现象的叠加效果决定，试样的竖向体积可为正值（沉降）或负值（隆起）。间隙部分（V_g）是指循环作用下试样较初始状态发生的径向体积变化，裂隙部分（V_c）为试样的裂隙体积。通过对各循环次数对应的 CT 图像进行处理，得到试样各部分的体积变化（表 2.10）。在此基础上引入无量纲参数 F_{cv} 对膨胀土试样受不同循环次数作用下的裂隙发育情况进行评价，其公式为

$$F_{cv} = \frac{V_c}{V_0 - V_g - V_s} \tag{2-5}$$

式中，V_0 为试样未经历循环的初始体积。

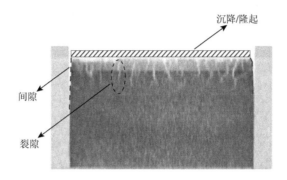

图 2.29　湿干及湿干冻融耦合循环作用下试样内部裂隙典型剖面

表 2.10　湿干及湿干冻融耦合循环作用下试样体积变化统计

循环次数	WD$_s$/WDFT$_s$		
	V_s/mm^3	V_g/mm^3	V_c/mm^3
1	36128.3/78206.9	62219.9/69757.1	151393.4/191354.4
3	31415.9/58905.4	67100.3/101728	221536.1/265001.8
5	21991.2/41061	76400.6/128753.8	241021.4/289208.4
7	20420.4/38581.5	81181.8/88029.6	237299.5/296750

表 2.10 为湿干及湿干冻融耦合循环作用下试样体积变化统计。由表 2.10 可知，不同湿干及湿干冻融耦合循环次数下试样的 V_s 均为正值，说明试样的竖向变形均为沉降形式。随着循环次数的增加，试样的沉降体积（V_s）逐渐减小，同时裂隙体积（V_c）逐渐增大，结合试样在多次循环作用后内部裂隙水平汇聚的现象［图 2.22（b）和（d）］，说明在循环初期，试样的沉降变形（V_s）以土体失水导致的体积收缩为主。随着循环次数的增加，裂隙的水平汇聚造成了沉降变形的降低。同时注意到，试样在 1 次湿干冻融耦合循环作用下的沉降体积（V_s）较干湿循环增长了约 116.5%，裂隙体积增长了约 26.4%。随着耦合循环次数的增加，

其沉降体积增长率逐渐降低，经历 7 次循环后增长率降至 88.9%。相反，耦合循环次数的增加对裂隙体积增长率的影响幅度较小，耦合循环的增长率在 20%～25%范围内波动。上述现象说明耦合循环中的冻融过程对试样的沉降体积和裂隙体积影响显著，随着耦合循环次数的增加，冻融过程对试样沉降体积增长率的影响逐渐降低，但对裂隙体积增长率的影响相对较小。

图 2.30 为湿干及湿干冻融耦合循环作用下裂隙体积分数分布图。在经历 1 次干湿循环作用下，试样的裂隙体积分数为 4.73%。随着循环次数的增加，其裂隙体积分数的增长率（斜率）逐渐降低，至 5 次循环作用后逐渐趋于稳定（7.54%）。湿干冻融耦合循环作用下试样裂隙体积分数-循环次数的分布与干湿循环类似，裂隙体积分数随循环次数仍呈现出先加速增长，后增长速率放缓，最终逐渐趋于稳定的演化过程。1 次耦合循环作用下试样的裂隙体积分数为 6.08%，约为 1 次干湿循环的 1.29 倍，裂隙体积分数至第 5 次循环结束后逐渐稳定（9.3%），约为干湿循环情况的 1.23 倍。

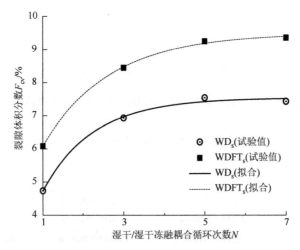

图 2.30　湿干及湿干冻融耦合循环作用下裂隙体积分数分布

为了更准确地预测湿干/湿干冻融耦合循环次数对膨胀土裂隙体积的影响，对裂隙体积分数随湿干/湿干冻融耦合循环次数的变化情况进行函数拟合，结果发现采用指数函数的拟合效果较好，如下列公式所示：

$$F_{cv(WD)} = 7.54 - 6.24 \cdot e^{-0.8 \cdot N_{WD}} \tag{2-6}$$

$$F_{cv(WDFT)} = 9.49 - 6.27 \cdot e^{-0.61 \cdot N_{WDFT}} \tag{2-7}$$

2. 三维分形维数法

分形的概念最早是由 Mandelbrot 在 1983 年提出的，主要是用分形维数的概念来定量化描述物体表面的不规则程度。由于分形具有自相似性和尺度不变性两个基本特征，现已成为研究复杂物体形态及分布特征的重要方法，并被逐渐应用于岩土工程领域（王宝军等，2007）。谢和平（1992）就分形几何在岩土材料中的适用性进行了详细的讨论，王媛等（2013）以分形理论为基础，建立了通过分形维数来估算表征单元体的方法。但目前对土中裂隙分形维数的研究多集中在二维，即只对表面裂隙进行评价，从三维角度对裂隙分形维数进行的研究相对较少。

土体裂隙的拓展是一个复杂的三维过程。由前述可知，试样在经历湿干及湿干冻融耦合作用后内部裂隙的非均质性明显，主要体现在裂隙率、裂隙结构及走向等方面。采用传统的评价方法（如体积分数法、表面分形维数法）很难准确反映上述非裂隙的均质性特征，同时考虑湿干及湿干冻融耦合循环作用下试样内部的裂隙发育形态所表现出与分形特征相似的自相似网络结构特征，尝试采用几何分形维数来对上述两种边界作用下试样内部三维结构裂隙进行定量化评价。具体计算步骤如下：由于经三维重建后的裂隙网络体素存在各向异性的问题，首先采用双三次插值算法对三维裂隙网络沿 z 轴进行重分割，获得各向同性体素（分割前体素为 $0.3\text{mm}\times0.3\text{mm}\times3\text{mm}$，分割后为 $0.3\text{mm}\times0.3\text{mm}\times0.3\text{mm}$），如图 2.31 所示。然后使用盒子计数法计算分割后的三维裂隙网络（Kestener and Arneodo，2003），计算公式如下：

$$D_{\text{f}} = \lim_{n\to\infty} \frac{\ln N(r)}{\ln(1/r)} \tag{2-8}$$

式中，D_{f} 为计算得到的三维裂隙最终分形维数；N 为裂隙网络对应的立方体数目；r 为立方体尺寸。

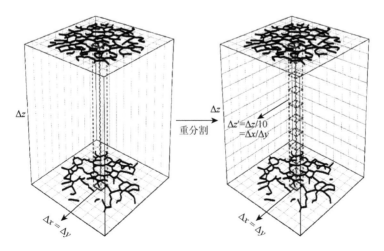

图 2.31　裂隙网络体素重分割简化示意图

图 2.32 为湿干及湿干冻融耦合循环作用下试样裂隙网络分形维数分布。随着循环次数的增加，两种环境边界作用下试样内部裂隙网络的分形维数大致均呈现出逐渐递增的变化规律，这说明循环作用促进了试样内部裂隙的发育。同时，Wang 等（2015）指出，结构体的表面粗糙度与三维分形维数密切相关，具体表现为结构表面的粗糙度越大，对应的三维分形维数越大。湿干循环作用下试样内部裂隙网络的三维分形维数-循环次数分布存在"拐点"，即 5 次湿干循环作用后内部裂隙网络的三维分形维数达到峰值$\left(D_{f\,(WD_s=5)} = 2.587\right)$，随着循环次数的继续增加，对应的三维分形维数出现下降趋势，如图 2.32（a）所示。

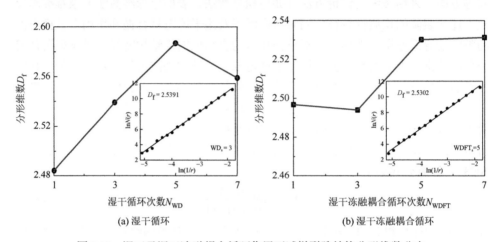

(a) 湿干循环   (b) 湿干冻融耦合循环

图 2.32　湿干及湿干冻融耦合循环作用下试样裂隙结构分形维数分布

同样，在湿干冻融耦合循环作用下试样的三维分形维数也出现类似干湿循环中的"拐点"分布。产生上述"拐点"现象的原因可从裂隙的发育方向角度进行解释：循环初期试样内部裂隙发育模式主要为沿深度方向竖直向下进行拓展（图 2.22），裂隙网络表面的构造较为单一，复杂程度相对较低，粗糙度较大，对应的三维分形维数相对较大；随着循环次数的持续增加，试样内部裂隙的发育模式由沿深度方向垂直向下变为沿水平向的贯通汇聚为主（图 2.22 和图 2.24），这丰富了裂隙网络的表面构造，同时增加了其复杂程度，造成裂隙表面的粗糙度显著降低，表现为三维分形维数的减小。对比图 2.32（a）与（b）裂隙网络的三维分形维数分布可知，湿干冻融耦合循环作用对应的三维分形维数$\left(N_{WDFT_s}=3\right)$要早于干湿循环$\left(N_{WD_s}=5\right)$出现"拐点"，这说明耦合循环中的冻融过程缩短了试样内部裂隙发育方向发生偏转的时间，使得水平裂隙更早地生成。

但注意到，湿干冻融耦合作用对应的三维分形维数在循环后期又出现逐渐递增的变化趋势，这可由裂隙断裂破碎现象进行解释：随着耦合循环次数的增加，试样内部裂隙网络中的薄弱部分发生断裂破碎，增加了裂隙网络表面的粗糙度，进而造成了对应三维分形维数的增加。需要指出的是，尽管裂隙体积分数法能够较好地描述试样在经历湿干及湿干冻融耦合循环作用下的宏观体积变化，但在对裂隙网络进行评价时也存在相应的弊端，即不能够很好地描述试样内部裂隙的空间发育特征。故建议采用三维分形维数法作为补充，以更好地对湿干及湿干冻融耦合循环作用下试样内部裂隙的空间分布进行评价。

第3章 湿干和冻融条件下膨胀土强度衰减特征

在膨胀土工程的变形和稳定性分析中，如何准确评估恶劣自然气候条件对膨胀土力学性质的影响，一直是岩土工程中的一项重要课题。湿干与冻融耦合作用作为构成高寒地区恶劣气候的基本组成形式，对寒冷地区膨胀土工程的正常运行产生严重影响。因此，基于裂隙试验结果，进一步研究湿干冻融耦合循环条件下膨胀土的力学响应，对高寒区供水渠道的安全运行具有重要意义。

采用单向环境边界加载装置，通过模拟现场干湿交替、冻融循环的复杂环境边界，分别开展了不同干密度膨胀土试样在湿干及湿干冻融耦合循环作用下的三轴固结不排水剪切试验，对其在湿干及湿干冻融耦合循环作用下的强度演化规律进行研究，并定义了可描述湿干冻融耦合循环中湿干和冻融过程的损伤变量，探讨了冻融过程对膨胀土强度演化规律的影响。

3.1 膨胀土强度试验的设计和方法

3.1.1 渠道现场边界条件

试验土样取自北疆渠道工程现场，取样深度为 1m。土料在该区域具有代表性，为中胀缩等级的黄色膨胀土。土体的基本物理性质及矿物组成可参考表 2.1 和表 2.2。

根据《渠道防渗工程技术规范》（GB/T 50600—2010），针对大型寒区渠道工程，当采用压实或强夯法提高渠基土干密度时，其压实度不得低于 98%。但考虑渠道自建成运行至今已近 20 年，渠基土压实度较初始状态变化明显。针对这一问题，结合渠道现场取样实测结果，最终确定本次试验的制样标准：在最优含水率 w_{opt}（24.1%）下配制初始压实度为 100%和 95%的两种试样（对应最危险工况及实际工况），分别对应干密度为 1.56g/cm^3 和 1.48g/cm^3。

具体制样步骤如下：首先测定过筛土的初始含水率，按目标最优含水率及干密度（1.56g/cm^3 和 1.48g/cm^3）称取对应质量的蒸馏水和土，利用喷雾器均匀地将蒸馏水加入土样中，密封闷料 24h 使土样内部水分分布均匀。然后采用《土工试验方法标准》（GB/T 50123—2019）推荐的分层击实法制备成直径 39.1mm、高度 80mm 的三轴试样。制备完成后用保鲜膜包裹待用。

3.1.2　试验装置及试验过程

　　目前对试样施加湿干或者冻融循环边界时，常将其直接置于环境箱内进行加载，此刻试样实际处于多向环境边界作用中。但现场环境边界多为单向，即环境边界首先对表层土体产生影响，随着加载时间的推移，影响范围逐渐向土体内部扩展。针对上述不足，本次试验设计了一套单向环境边界加载装置，可较真实地对渠道现场由表层到深部发展的环境边界条件进行模拟，如图 3.1 所示。首先使用定制尺寸的对开模具（有机玻璃，含底座）对饱和试样进行固定 [图 3.1（a）]，其中对开模具内径 40mm，高 83mm。试样固定好后将模具（连同试样）插入预先打孔的隔热海绵中（隔热海绵厚度 123mm，孔深 83mm，孔间距 40mm）[图 3.1（b）]。最后在隔热海绵上表面粘贴一层绝热锡纸以增强隔热效果 [图 3.1（c）]。这样，试样的热质交换过程就会从顶部向下单向扩展（朱洵等，2019）。

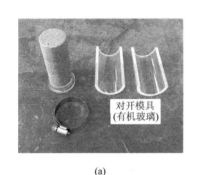
(a)

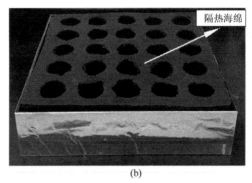
(b)

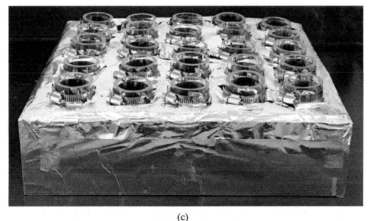
(c)

图 3.1　三轴试样的单向环境边界加载装置

渠基膨胀土在经历干湿交替、冻融循环的恶劣自然气候条件作用下劣化明显，考虑本次试验在室内进行，需对复杂边界条件进行概化，以达到试验过程中方便施加的目的，具体过程参考 2.1 节。试验具体实施过程如下（以北疆供水渠道 2014～2015 年运行情况及地温分布为例），共进行 7 次循环：

（1）渠道 2014-04-25～2014-09-14 为通水期，如图 3.2 所示，对应地温均在 0℃以上，可认为本阶段不受冻融过程影响。考虑渠道自建设至今已近 20 年，渠水渗漏严重，渠基土在这一长期湿润过程作用下可近似视为饱和（S_{rsat}），故采用常温抽气饱和法对这一过程进行模拟。

（2）自 2014-09-14 渠道停水，渠道内部水分补给，渠基土处于持续失水状态；结合地温分布（以地温 0℃为分界点，如图 3.2 所示），将 2014-09-14～2014-11-11 归为干燥过程，对应的渠基土饱和度由 S_{rsat} 降至 S_{rcr}，其中 $S_{rcr} = 0.7S_{rsat}$（现场实测）。试验采用低温烘箱对试样进行干燥，温度为 40℃（平均温度），干燥时间以实时监测结果为准。

（3）渠基土 2014-11-11～2015-04-25 通水前，经历了冻结（2014-11-11～2015-03-21）和融化（2015-03-21～2015-04-25）两个过程（图 3.2），采用冻融循环箱对这一冻融过程进行模拟，其中冻结温度为–20℃，时间为 24h，融化温度为 20℃，时间为 36h。

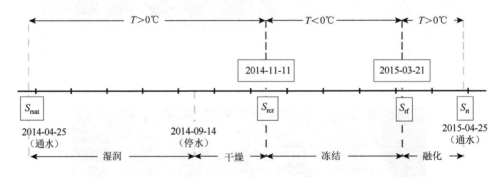

图 3.2　渠道概化湿干冻融耦合循环过程示意图

采用三轴固结不排水压缩试验获取试样在不同湿干及湿干冻融耦合循环作用下的力学指标。试验共进行 16 组，其中试样的初始干密度（ρ_{d0}）为 1.48g/cm³和 1.56g/cm³（分别对应的压实度为 95%和 100%），分别在湿干及湿干冻融耦合循环的第 0、1、3 和 7 次完成后进行固结不排水压缩试验，每组试样的固结压力依次为 100kPa、200kPa、300kPa 和 400kPa。待固结稳定后进行等应变剪切，至轴向应变达到 16%时停止剪切试验，剪切速率为 0.08mm/min。

3.2 试验结果与分析

3.2.1 湿干及冻融过程对膨胀土力学特性的影响

本节以初始干密度为 1.48g/cm³ 试样的试验结果为例,分别研究湿干和冻融过程作用对膨胀土力学特性的影响。

1. 应力-应变关系

图 3.3 为湿干及湿干冻融耦合循环作用下试样应力-应变曲线,图中 WD_s 代表干湿循环次数,$WDFT_s$ 代表湿干冻融耦合循环次数。7 次循环结束后,不同试验条件下试样的应力-应变曲线均逐渐趋于平稳,但不同围压下试样的应力-应变曲线形态却存在较大差异。

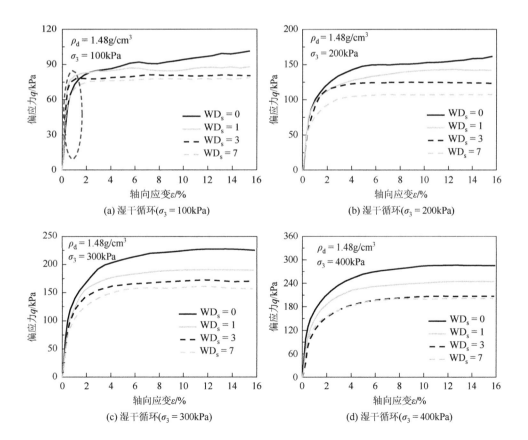

(a) 湿干循环($\sigma_3 = 100\text{kPa}$)

(b) 湿干循环($\sigma_3 = 200\text{kPa}$)

(c) 湿干循环($\sigma_3 = 300\text{kPa}$)

(d) 湿干循环($\sigma_3 = 400\text{kPa}$)

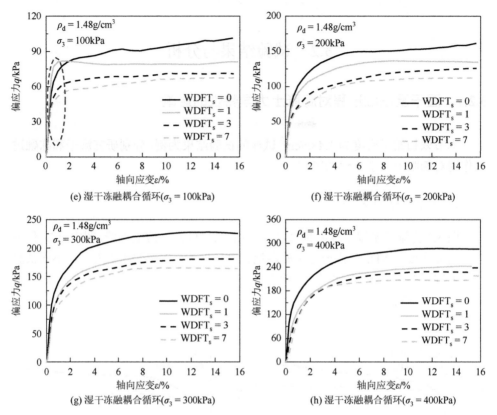

图 3.3 湿干及湿干冻融耦合循环作用下试样应力-应变曲线 ($\rho_d = 1.48\text{g/cm}^3$)

随着循环次数的增加，低围压（ $\sigma_3 = 100\text{kPa}$ ）下试样的应变硬化特性逐渐减弱，随着围压的增加，试样的偏应力增长速率随轴向应变的增加呈现出先增大后减小的变化规律。这说明低围压下循环次数对土体的应力-应变曲线形态的影响随着围压的增加其程度逐渐降低。对比低围压（ $\sigma_3 = 100\text{kPa}$ ）下试样的应力-应变曲线，发现试样在经历一次湿干及湿干冻融耦合循环作用后，其偏应力先于初始状态发生变化并率先到达峰值；随着循环次数的增加，这一现象逐渐消失。产生上述偏应力波动现象与试样在经历第一次干燥或冻结过程中的"压密"作用有关，关于这部分的讨论将在 3.3 节进行。

2. 弹性模量

在进行土体变形和稳定性分析中，弹性模量作为一个重要参数被广泛使用。考虑试验进行过程中试样的变形较小，这里忽略塑性变形对试样力学特性的影响。参考 Lee 等（1997）的研究成果，选取轴向应变 1%时刻所对应的偏应力增量与轴向应变增量的比值作为本次研究土体的弹性模量（实际为变形模量），即

$E=\sigma_{1.0\%}/\varepsilon_{1.0\%}$。图 3.4 中灰色部分为不同湿干冻融耦合循环作用下试样的弹性模量分布。由图可知，试样在经历不同次数的干湿循环作用下各围压对应的弹性模量分布类似，大体呈现出随循环次数增加先快速递减，后逐渐趋于稳定的变化规律。至 7 次循环结束，不同围压对应的弹性模量较初始状态分别下降了约 5.62%（$\sigma_3=100\text{kPa}$）、23.71%（$\sigma_3=200\text{kPa}$）、25.04%（$\sigma_3=300\text{kPa}$）和 30.19%（$\sigma_3=400\text{kPa}$）。同样，湿干冻融耦合循环作用下试样的弹性模量变化规律与干湿循环类似，但经历耦合循环后试样的弹性模量衰减幅度明显高于单纯干湿循环，7 次耦合循环完成后不同围压对应的弹性模量较初始状态分别下降了约 30.57%（$\sigma_3=100\text{kPa}$）、31.91%（$\sigma_3=200\text{kPa}$）、28.3%（$\sigma_3=300\text{kPa}$）和 35.3%（$\sigma_3=400\text{kPa}$），其中 7 次耦合循环后弹性模量较单纯干湿循环减小了约 74%。在低围压（$\sigma_3=100\text{kPa}$）情况下，耦合循环作用后试样的弹性模量降幅约为单纯干湿循环的近 5.5 倍，这说明耦合循环中的冻融过程显著加剧了浅层土体弹性模量的衰减，此结论在工程设计过程中需引起重视。

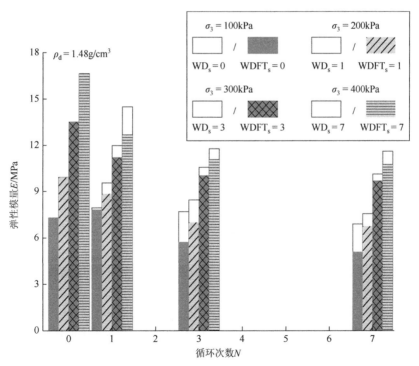

图 3.4　湿干及湿干冻融耦合循环作用下试样弹性模量分布（$\rho_d=1.48\text{g/cm}^3$）

3. 有效抗剪强度指标

图 3.5 为湿干及湿干冻融耦合循环作用下有效抗剪强度指标-循环次数关系曲

线。首先对试样的有效黏聚力进行分析：在经历一次干湿循环作用后，有效黏聚力较初始状态下降了17.65%；随着干湿循环次数的增加，有效黏聚力的衰减率逐渐降低，并在1次循环后逐渐趋于稳定，最终有效黏聚力为17.5kPa，较初始状态降低了20.8%。湿干冻融耦合循环作用下试样有效黏聚力随循环次数的分布与干湿循环类似，衰减速率随循环次数仍呈现出先上升，后下降，最终逐渐趋于稳定的变化规律。1次耦合循环作用下试样有效黏聚力衰减率为32.12%，约为1次干湿循环的1.82倍，这说明耦合循环中冻融过程显著地加剧了试样有效黏聚力的衰减。耦合循环对应的有效黏聚力至第3次循环结束后逐渐稳定（40.72%），约为干湿循环情况的2.04倍。同样，试样的有效内摩擦角也受湿干及湿干冻融耦合作用的影响。随着循环次数的增加，湿干及湿干冻融耦合作用对应的内摩擦角也呈现出先逐渐降低，最终趋于稳定的变化规律。

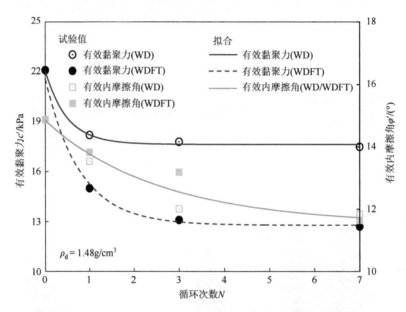

图3.5　湿干及湿干冻融耦合循环作用下有效抗剪强度指标-循环次数关系曲线

Qi 等（2010）从微观角度对土体黏聚力和内摩擦角进行研究，将土体黏聚力的变化归结为土颗粒间胶结强度的变化，而内摩擦角则受颗粒间粗糙程度的影响。大量研究成果表明：单一的湿干（杨和平等，2014）、冻融（王大雁等，2005）及湿干冻融循环累积作用后（曾志雄等，2018）试样表面及内部产生裂隙，削弱了颗粒间胶结作用，造成土体黏聚力随循环次数的增加呈现逐渐衰减的变化规律，这与本书的结果基本一致。但上述循环对内摩擦角的影响则不尽相同，随循环次数的增加呈递增（曾志雄等，2018）、衰减（杨和平等，2014）或波动（王大雁等，

2005）的变化规律。造成上述现象的原因可归纳为以下两点：首先，各试样的初始干密度存在差异，干密度较低试样的颗粒在循环初期存在挤压作用，使得颗粒与颗粒间较难发生滑移，宏观表现为内摩擦角的增大，而干密度较大试样则易产生裂隙，削弱了土颗粒间的法向接触力，造成内摩擦角的减小。此外，试样内部细颗粒的分布对内摩擦角同样产生影响，土颗粒团聚体在经历湿干或冻融作用后发生破碎（Qi et al.，2010），生成的细颗粒易嵌入大孔隙中，对颗粒间滑动起到"润滑效应"（详细机理参见 3.3.1 节），从而造成内摩擦角的降低。故试样的内摩擦角受上述两个方面因素共同影响，也从侧面解释了本次试验中试样在经历多次循环作用后出现的有效内摩擦角逐渐降低的现象。与有效黏聚力相比，耦合循环中的冻融过程对有效内摩擦角的影响明显降低，至 7 次循环完成后，两种环境边界作用下对应的有效内摩擦角几乎相同，故在后续对此类膨胀土进行数值模拟过程中，忽略了冻融过程对土体有效内摩擦角的影响。

为了更准确地预测湿干/湿干冻融耦合循环次数对此类膨胀土抗剪强度指标的影响，对有效黏聚力及有效内摩擦角随湿干/湿干冻融耦合循环次数的变化情况进行函数拟合，结果发现采用指数函数的拟合效果较好，具体表达式如下：

$$c'_{\mathrm{WD}}(\mathrm{kPa}) = 17.64 + 4.4 \cdot \mathrm{e}^{-2.04 \cdot N_{\mathrm{WD}}} \tag{3-1}$$

$$c'_{\mathrm{WDFT}}(\mathrm{kPa}) = 12.79 + 8.77 \cdot \mathrm{e}^{-1.27 \cdot N_{\mathrm{WDFT}}} \tag{3-2}$$

$$\varphi'(°) = 11.51 + 3.33 \cdot \mathrm{e}^{-0.39 \cdot N} \tag{3-3}$$

式中，c' 为有效黏聚力；φ' 为有效内摩擦角；N 为循环次数。

3.2.2　循环次数及干密度对膨胀土力学特性的影响

考虑膨胀土在经历多次湿干冻融耦合循环作用后，不同干密度试样对应的力学性质及其衰减规律均存在较大差异，故选择湿干冻融循环作为环境边界条件，重点研究试样的干密度及循环次数对土体力学性质的影响。

1. 应力-应变关系

应力-应变关系曲线作为定性评价土体变形和强度特性最直观的方法，受干密度、围压及循环次数的影响显著。图 3.6 为湿干冻融耦合循环作用下试样应力-应变关系曲线。由图 3.6（a）可知，围压 100kPa 条件下，不同干密度试样在经历 7 次循环后对应的应力-应变关系曲线形态存在较大差异，随着干密度的增加，对应土体的硬化特性有所减弱。7 次循环完成后两种干密度试样应力-应变关系曲线对循环次数的响应大致相同，随轴向应变的增加，偏应力增长速率均呈现出先增大后减小的变化趋势。图 3.6（b）为不同湿干冻融耦合循环次数对应的试样应力-应变关系分布曲线。以干密度 1.56g/cm³ 试样为例，对于 300kPa 固结围压情况，

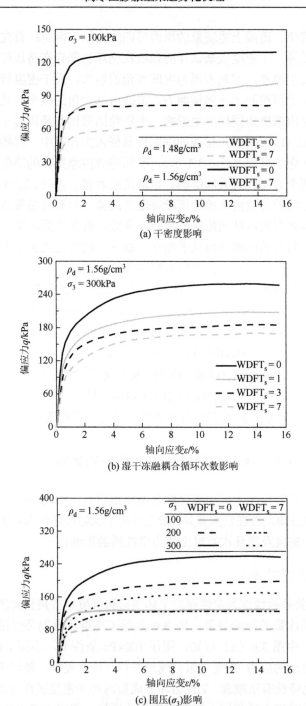

(a) 干密度影响

(b) 湿干冻融耦合循环次数影响

(c) 围压(σ_3)影响

图 3.6　湿干冻融耦合循环作用下试样应力-应变关系曲线

不同循环次数作用下的应力-应变曲线形态类似，但不同循环次数对应的强度值存在较大差异，具体表现为随着循环次数的增加，试样偏应力峰值的下降速率大致呈现出先增加，后逐渐趋于平缓的变化规律。由图 3.6（c）可知，围压对试样应力-应变关系分布曲线的影响与循环次数类似，围压的变化仅对试样应力-应变关系曲线中的强度产生影响，随着围压的增加，不同循环次数对应的强度逐渐降低（朱洵等，2020a）。

2. 体积变形

研究表明（唐朝生等，2011），不同干密度状态下试样的体积变形特征存在较大差异。以试样饱和作为单次湿干冻融耦合循环的起始及终止点（图 3.2），在饱和条件下试样内部孔隙由水占据，其内部的孔隙体积可通过称量循环前后饱和试样质量近似换算（Jia et al.，2015；刘文化等，2017），最终可得到耦合循环作用下试样的体积应变，如下式所示：

$$\varepsilon_{vi} = \frac{m_i - m_0}{\rho_w V_0} \tag{3-4}$$

式中，ε_{vi} 为第 i 次耦合循环作用下试样的体积应变；m_i 为第 i 次耦合循环作用后饱和试样的质量；m_0 为初始饱和试样的质量；V_0 为饱和试样的初始体积（定值 = 96cm³）；ρ_w 为水的密度（近似取 1g/cm³）。值得注意的是，试样的体积应变（ε_{vi}）由循环前后饱和试样质量差值决定，故其值可为正值（膨胀）或负值（收缩）。

图 3.7 为不同干密度试样在经历湿干冻融耦合循环作用下的体积应变-循环次数的关系曲线。两种干密度试样在经历湿干冻融耦合循环后呈现出完全相反的变

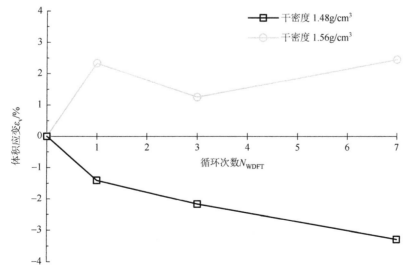

图 3.7 湿干冻融耦合循环作用下试样体积应变-循环次数关系曲线

化趋势：随着循环次数的增加，干密度 1.56g/cm³ 试样的体积应变大体呈递增趋势，而干密度 1.48g/cm³ 试样的体积应变则呈递减趋势。这说明随着试样干密度的增加，其整体体积变形规律由收缩特性向膨胀特性转化，宏观表现为试样内部孔隙的增加。

同时，考虑本次试验在固结不排水条件下进行，固结过程中试样的排水量等于其整体的体积变形。Hotineanu 等（2015）指出冻融循环作用下生成的裂隙会增大土体的压缩性，造成试样体积变形的增加。故可将固结阶段试样的排水量作为评价湿干冻融耦合循环下试样内部破坏程度的指标，即试样内部的破坏程度越严重，对应的固结排水量越大。表 3.1 为湿干冻融耦合循环作用下试样固结过程的排水量统计。随着耦合循环次数的增加，不同围压下两种干密度试样对应的固结排水量均呈现出递增的变化趋势，其中围压 $\sigma_3 = 100\text{kPa}$ 对应的固结排水量随循环次数的增长幅度最大，较初始固结排水量分别增加了约 1.1 倍（1.48g/cm³）和 1.64 倍（1.56g/cm³），这表明现场渠道渠基浅层土体更易受到湿干冻融耦合作用的影响。同时，对比两种干密度试样在固结过程中的固结排水量后发现，干密度 1.48g/cm³ 试样对应的固结排水量明显高于干密度 1.56g/cm³ 试样，说明干密度小的试样内部破坏程度比干密度大的试样的破坏程度严重，这也从侧面证实了渠道现场通过增加基土压实度来提高渠坡稳定性方法的可行性。

表 3.1　湿干冻融耦合循环作用下试样固结过程的排水量统计

循环次数 N_{WDFT}	固结过程排水体积变化 $\Delta V_{1.48/1.56}$/cm³			
	围压 σ_3 100kPa	围压 σ_3 200kPa	围压 σ_3 300kPa	围压 σ_3 400kPa
0	2.5/0.42	6.33/3.56	9.04/4.5	10.2/6.95
1	2.46/1.12	6.12/3.75	9.46/4.21	10.18/6.76
3	3.63/1.09	6.88/4.03	9.41/5.27	9.75/6.74
7	5.17/1.11	6.95/5	9.74/5.94	10.61/6.33

3. 孔隙水压力

在对土体进行三轴固结不排水压缩试验时，其强度特征可由孔隙水压力的变化反映（辛凌等，2010）。Skempton（1954）建议采用孔隙应力系数 A 表征不排水条件下偏应力增量与孔隙水压力增量的转化规律，故系数 A 并非为定值（钱家欢和殷宗泽，1996）。本书选择试样破坏时对应的孔压系数 A_f 来研究不同干密度及湿干冻融耦合循环次数作用下膨胀土试样的孔压演化特征。

图 3.8 为两种干密度试样在湿干冻融耦合循环作用下的孔隙应力系数 A 随循

环次数的变化曲线。不同围压下，两种干密度试样对应的孔隙应力系数 A 变化规律类似，随循环次数的增加均呈现出逐渐递增的趋势，这是因为两种干密度试样在经历多次循环作用后土骨架结构遭到破坏，降低了土骨架的刚度，使得在偏应力作用下土骨架承担的应力相对减小，水承担的应力比例相对增大，最终造成孔隙应力系数 A 的增加，这也说明循环次数的增加促进了试样在不排水条件下偏应力向孔隙水压力的转化。分别对两种干密度试样对应的孔隙应力系数 A 拟合后发现，不同干密度试样的孔隙应力系数 A 对循环次数的响应存在差异：以 4 次循环（$N_{\mathrm{WDFT}} = 4$）为界，当循环次数小于 4 次时干密度（1.56g/cm^3）大的试样对应孔隙应力系数的增长速率明显高于干密度（1.48g/cm^3）小的试样，这表明在前 4 次循环作用下干密度大的试样的土骨架破坏程度弱于干密度小的试样，造成前者土骨架在偏应力作用下承担应力较大，宏观表现为前者的孔隙应力系数 A 明显低于后者；而当循环次数大于 4 次时孔隙应力系数的增长速率则完全相反。故可认为 4 次循环（$N_{\mathrm{WDFT}} = 4$）为上述两种干密度试样内部土骨架结构强度的转折点。

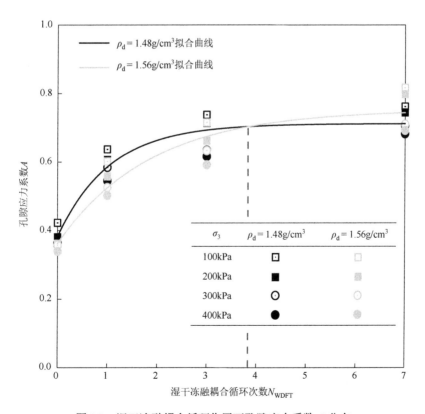

图 3.8　湿干冻融耦合循环作用下孔隙应力系数 A 分布

4. 弹性模量

土的弹性模量是表征其变形能力的一个重要指标（刘寒冰等，2018）。图 3.9 为湿干冻融耦合循环作用下不同干密度试样的弹性模量分布，其中白色部分表示干密度 $1.56g/cm^3$ 试样的弹性模量，灰色部分则表示干密度 $1.48g/cm^3$ 的情况。不同围压下，两种干密度试样在经历多次湿干冻融耦合循环作用后的弹性模量变化规律类似，随着循环次数的增加，弹性模量衰减速率均呈现出先增大后减小的变化趋势。至 7 次循环结束，两种干密度试样弹性模量较初始状态分别下降了约 35.3%（$1.48g/cm^3$）和 45.9%（$1.56g/cm^3$）。为了进一步研究干密度对膨胀土弹性模量衰减规律的影响，引入弹性模量衰减系数 F，定义为试样每次循环弹性模量衰减量占总衰减量的比例，即

$$F_i = \frac{E_0 - E_i}{(E_0 - E_i)_{\max}} \tag{3-5}$$

式中，E_0 为试样的初始弹性模量；E_i 为试样经历 i 次循环对应的弹性模量；$(E_0 - E_i)_{\max}$ 为试样弹性模量的总衰减量。

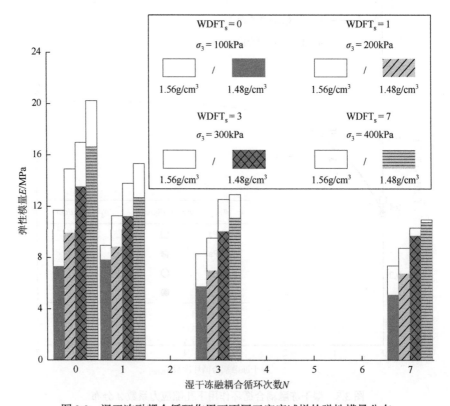

图 3.9　湿干冻融耦合循环作用下不同干密度试样的弹性模量分布

表 3.2 为试样在经历不同湿干冻融耦合循环次数下的弹性模量衰减系数统计。3 次循环作用后，干密度（1.48g/cm³）较小的试样对应的弹性模量衰减系数 F 明显较大（除围压 σ_3 = 100kPa 情况），这说明干密度影响试样在经历湿干冻融耦合循环作用下弹性模量的衰减速率，试样的干密度越大，对应的弹性模量的衰减速率越慢，土体越难散失变形能力。注意到，在围压 σ_3 = 100kPa 下低干密度试样对应的弹性模量衰减系数相对较小，在 1 次循环后甚至出现负值（–0.2），这说明试样在循环初期的弹性模量呈增长趋势，这是因为试样的干密度相对较低，试样经历 1 次湿干冻融耦合循环作用后体积呈收缩趋势（图 3.7），同时其内部破坏程度相对较小（表 3.1），最终造成了 1 次循环作用后试样弹性模量的增加。

表 3.2　湿干冻融耦合循环次数作用下试样弹性模量衰减系数统计

循环次数 N_{WDFT}	衰减系数 $F_{1.48/1.56\,i}$			
	围压 σ_3 100kPa	围压 σ_3 200kPa	围压 σ_3 300kPa	围压 σ_3 400kPa
0	0	0	0	0
1	−0.2/0.63	0.34/0.59	0.6/0.48	0.67/0.53
3	0.71/0.78	0.92/0.77	0.91/0.67	0.94/0.79
7	1	1	1	1

5. 有效抗剪强度指标

由上述可知，湿干冻融耦合作用下不同干密度试样内部的土骨架结构破坏明显，宏观表现为膨胀土力学特性的衰减。在实际工程中，对渠道边坡稳定性进行评价的关键在于如何准确获取基土的抗剪强度指标（邓华锋等，2017）。

图 3.10 为湿干冻融耦合循环作用下有效抗剪强度指标–循环次数关系曲线。两种干密度试样对应的有效黏聚力及有效内摩擦角衰减规律类似，随循环次数的增加均呈递减趋势。至 7 次循环结束，干密度（1.48g/cm³）较低试样的有效黏聚力及有效内摩擦角较初始状态分别下降了约 42.5%和 14.9%；而干密度（1.56g/cm³）较高试样则分别下降了约 35%和 24.7%。这说明试样干密度的增加对其有效黏聚力的衰减起到抑制作用，但对有效内摩擦角的衰减却起到加剧作用。

湿干冻融耦合循环对膨胀土黏聚力的影响主要体现在以下两个方面（Aubert and Gasc-Barbier，2012）：一方面膨胀土特殊的黏土矿物组成，使得试样在失水条件下内部孔隙逐渐闭合（收缩），土骨架强度逐渐增加，造成试样整体黏聚力的增加；另一方面试样在经历干燥和冻结过程中，基质吸力变化（唐朝生等，2018）、

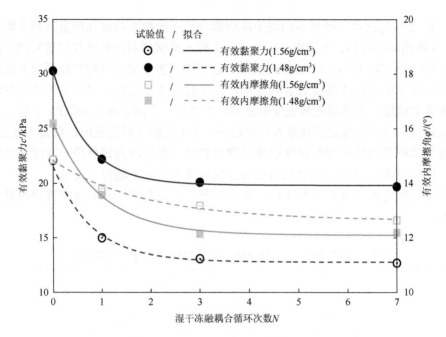

图 3.10　湿干冻融耦合循环作用下有效抗剪强度指标-循环次数关系曲线

冰水相变（Al-Omari et al.，2015）及分凝冰穿刺（Dagesse，2010）等作用造成试样内部产生裂隙，破坏了试样的完整性，造成土体强度的降低。故湿干冻融耦合循环作用对试样黏聚力的影响由上述两个方面因素的叠加效果决定。随着试样干密度的增加，其整体因失水产生的收缩程度逐渐降低，同时试样的开裂程度逐渐下降，从而得到试样干密度的增加会抑制其有效黏聚力的衰减这一结果。

　　同样，湿干冻融耦合循环造成的膨胀土有效内摩擦角下降这一结论也可从上述角度进行解释，但无法对本次试验结果中显示的"试样干密度的增加加剧了其有效黏聚力的衰减"这一结论进行说明。从微观角度出发（Tagar et al.，2016），土体的内摩擦角可表征土颗粒间的摩擦特性，包括由于颗粒表面粗糙不平而引起的滑动摩擦，以及由于细颗粒的嵌入、连锁和脱离咬合等状态所产生的咬合摩擦。由第 2 章裂隙试验结果可知，冻融过程易造成试样内部裂隙发生断裂，表现为长裂隙向短裂隙的转化。干密度较小试样对应的内部裂隙发育程度明显强于干密度较大试样（表 3.1），在经历冻融过程后可认为前者内部的短裂隙数目多于后者，增加的短裂隙易嵌入相邻的土颗粒中，削弱了颗粒间的咬合摩擦作用，造成干密度较小试样有效内摩擦角的衰减幅度小于干密度较大试样。

　　为了更准确地预测湿干冻融耦合循环次数对此类膨胀土抗剪强度的影响，对不同干密度试样有效黏聚力及有效内摩擦角随循环次数的变化情况进行函数拟合，结果发现它们之间呈指数函数关系，如下列公式所示：

初始干密度为 1.48g/cm³：

$$c'_{1.48}(\text{kPa}) = 12.79 + 8.77 \cdot e^{-1.27 \cdot N_{\text{WDFT}}} \tag{3-6}$$

$$\varphi'_{1.48}(°) = 11.51 + 3.33 \cdot e^{-0.39 \cdot N_{\text{WDFT}}} \tag{3-7}$$

初始干密度为 1.56g/cm³：

$$c'_{1.56}(\text{kPa}) = 19.83 + 10.47 \cdot e^{-1.47 \cdot N_{\text{WDFT}}} \tag{3-8}$$

$$\varphi'_{1.56}(°) = 12.1 + 4.1 \cdot e^{-1.06 \cdot N_{\text{WDFT}}} \tag{3-9}$$

式中，c' 为有效黏聚力；φ' 为有效内摩擦角；N 为循环次数。

3.3 湿干冻融耦合作用下膨胀土的损伤演化规律

膨胀土在恶劣自然气候作用下，其内部微观结构发生损伤，宏观表现为土体物理力学参数的衰减。本节从损伤角度，研究环境边界条件类型、循环次数及干密度对试样破坏过程的影响。

3.3.1 湿干及冻融过程对膨胀土损伤规律的影响

目前人们对因单纯湿干或冻融循环造成土体内部结构损伤已进行了大量的研究。大量学者（Hotineanu et al.，2015；吕海波等，2013b；Cui et al.，2014；Tang et al.，2018）分别进行了干湿循环、冻融循环作用下土体强度衰减的试验研究，分析了其力学性质与循环控制参数间的变化过程，提出了可描述上述演化过程的经验公式。但试验施加的边界较为单一，与现场实际干湿交替、冻融循环的耦合边界条件存在较大差异，考虑湿干和冻融两种过程共同作用对膨胀土内部结构损伤规律的研究较少。Kong 等（2018）考虑了湿干冻融循环累积作用对延吉膨胀土力学特性的影响，并对循环前后试样的应力-应变特性进行了归一化分析。注意到，该次试验中涉及的湿干冻融耦合循环过程并非湿干和冻融两种过程的简单叠加，需充分考虑两者过程耦合作用对力学内部结构损伤规律的影响。

基于 Lemaitre（1996）提出的应变等效假设，膨胀土经历不同湿干或冻融循环作用下的应力-应变关系可表示为

$$\sigma_i = E_0 \cdot (1 - D) \cdot \varepsilon_i \tag{3-10}$$

式中，σ_i 和 ε_i 分别为试样经历不同湿干或冻融循环次数下对应的偏应力和轴向应变；E_0 为试样的初始弹性模量；D 为总的损伤变量。

张全胜等（2003）将应变等效假设进行推广并得到了更具普适性的应变等价原理，即材料在力 F 作用下产生损伤并逐渐扩展，则对于损伤过程中的任意两种状态，存在：

$$\begin{cases} \varepsilon = \dfrac{\sigma^1}{E^2} = \dfrac{\sigma^2}{E^1} \\ \sigma^1 A^1 = \sigma^2 A^2 \end{cases} \quad (3\text{-}11)$$

式中，σ^1、E^1、A^1 和 σ^2、E^2、A^2 分别为材料在第一种和第二种损伤状态下的有效应力、弹性模量、有效作用面积。

以推广后的应变等价原理为基础，将试样的基准损伤视为第一种损伤，因干湿循环造成的损伤视为第二种损伤，同时定义 D_i^{WD} 为试样经历 i 次干湿循环所对应的损伤变量，则

$$\begin{cases} \varepsilon = \dfrac{\sigma^0}{E_i^{\mathrm{WD}}} = \dfrac{\sigma_i^{\mathrm{WD}}}{E^0} \\ \sigma^0 A^0 = \sigma_i^{\mathrm{WD}} A_i^{\mathrm{WD}} \\ D_i^{\mathrm{WD}} = \dfrac{A_i^{\mathrm{WD}} - A^0}{A_i^{\mathrm{WD}}} \end{cases} \quad (3\text{-}12)$$

式中，σ^0、E^0、A^0 和 σ_i^{WD}、E_i^{WD}、A_i^{WD} 分别为试样在初始状态和 i 次干湿循环后的有效应力、弹性模量、有效作用面积。

将式（3-12）进行化简，得到膨胀土经历干湿循环作用的损伤变量表达式：

$$D_i^{\mathrm{WD}} = 1 - \frac{E_i^{\mathrm{WD}}}{E^0} \quad (3\text{-}13)$$

由于试验中边界加载的顺序为先湿干过程，后冻融过程，而将完整的湿干冻融视为一个循环。再次运用推广后的应变等价原理，将试样因干湿循环造成的损伤视为第一种损伤，因冻融循环造成的损伤视为第二种损伤，同时定义 D_i^{FT} 为试样经历 i 次冻融循环所对应的损伤变量，通过化简可以得到

$$E_i^{\mathrm{FT}} = E_i^{\mathrm{WD}} \cdot (1 - D_i^{\mathrm{FT}}) \quad (3\text{-}14)$$

联立式（3-13）和式（3-14），得到可用于表示膨胀土经历湿干冻融耦合作用的损伤评价模型：

$$D_i^{\mathrm{WDFT}} = D_i^{\mathrm{WD}} + D_i^{\mathrm{FT}} - D_i^{\mathrm{WD}} \cdot D_i^{\mathrm{FT}} \quad (3\text{-}15)$$

式中，D_i^{WDFT} 为试样经历 i 次湿干冻融耦合循环所对应的总损伤变量；D_i^{WD}、D_i^{FT} 为耦合项。

对土体强度劣化程度的表征存在多种形式，参考 Tang 等（2018）的研究成果，采用弹性模量来定义不同湿干及湿干冻融耦合循环次数作用下土体的损伤变量（$D_i^{\mathrm{WD/WDFT}}$），即

$$D_i^{\mathrm{WD/WDFT}} = 1 - \frac{E_i^{\mathrm{WD/WDFT}}}{E^0} \quad (3\text{-}16)$$

式中，$E_i^{\mathrm{WD/WDFT}}$ 为试样经历不同湿干或湿干冻融耦合循环次数作用所对应的弹性模量。

将式（3-16）得到的 D_i^{WD} 和 D_i^{WDFT} 代入式（3-15），即可得到试样在不同冻融循环次数作用下的损伤变量 D_i^{FT}。

本节以初始干密度为 $1.48\mathrm{g/cm^3}$ 试样的试验结果为例，从耦合角度出发分别研究湿干和冻融过程作用对膨胀土损伤规律的影响。图 3.11 为湿干、冻融及湿干冻融耦合三种损伤变量（D_i^{WD}、D_i^{FT} 和 D_i^{WDFT}）与循环次数 N 之间的关系曲线。可以认为上述三种损伤变量的变化大体一致，随着循环次数的增加基本呈现出先快速增加，后增速放缓并逐渐趋于稳定的变化规律。7 次耦合循环作用后，试样在不同围压作用下对应的损伤多数达到最大值，如表 3.3 所示。注意到，100kPa 围压作用下试样的最大损伤值（0.306）明显高于 200kPa 围压下（0.293）和 300kPa 围压下（0.283），这说明低围压作用下试样在经历外部环境作用后更易受到破坏。杨和平等（2014）指出在研究膨胀土边坡破坏问题时，需着重考虑其浅层破坏对边坡整体稳定性的影响。对比不同围压对应的三种损伤变量分布（图 3.11），发现

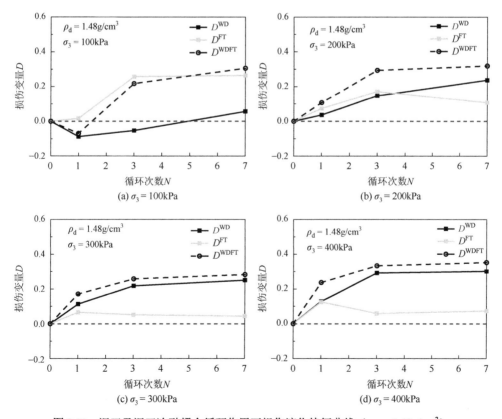

图 3.11 湿干及湿干冻融耦合循环作用下损伤演化特征曲线（$\rho_{\mathrm{d}} = 1.48\mathrm{g/cm^3}$）

较高围压下（$\sigma_3 = 300\text{kPa}$ 和 $\sigma_3 = 400\text{kPa}$）冻融过程对试样的损伤明显小于低围压情况（$\sigma_3 = 100\text{kPa}$ 和 $\sigma_3 = 200\text{kPa}$），这说明在高围压状态下试样的劣化以湿干过程作用为主，随着围压的下降，冻融过程对试样的损伤逐渐显现。注意到，在围压为 100kPa 状态下，1 次循环后试样总的损伤值为负（$D_1^{\text{WDFT}} = -0.07$），这说明此刻土体中的初始微孔隙逐渐闭合，试样宏观呈现出压缩密实状态。刘文化等（2017）的研究表明，土体在经历反复干湿循环作用后，其体积将发生不可逆变化。同样，Aubert 和 Gasc-Barbier（2012）在开敞条件下对压实黏土施加冻融循环边界时发现，冻融循环同样能够造成试样水分的散失。在经历多次循环作用后，试样内部将形成两种完全相反的效应：一方面土壤团聚体中蒙脱石等黏土矿物的失水收缩特性，造成试样内部孔隙逐渐闭合（收缩效应），即损伤值为负；另一方面由于循环作用，试样表面首先开裂，随着循环时间的增加，裂隙逐渐向深部拓展延伸（裂隙效应），即损伤值为正。湿干及湿干冻融耦合循环作用对试样造成的损伤由上述两种效应的叠加效果决定，故试样的损伤可为正值或负值。

表 3.3　湿干及湿干冻融耦合循环作用下各过程损伤变量变化统计（$\rho_d = 1.48\text{g/cm}^3$）

循环次数	WD$_s$/FT$_s$/WDFT$_s$			
	$\sigma_3 = 100\text{kPa}$	$\sigma_3 = 200\text{kPa}$	$\sigma_3 = 300\text{kPa}$	$\sigma_3 = 400\text{kPa}$
0	0	0	0	0
1	−0.088/0.017/−0.07	0.036/0.074/0.108	0.113/0.066/0.171	0.129/0.125/0.237
3	−0.053/0.257/0.217	0.147/0.171/0.294	0.218/0.051/0.258	0.29/0.059/0.334
7	0.056/0.264/0.306	0.237/0.107/0.293	0.25/0.044/0.283	0.302/0.073/0.353

考虑本次试验的初始制样干密度为 1.48g/cm^3，对应 95%压实度，在低围压（$\sigma_3 = 100\text{kPa}$）条件下试样经历一次干燥过程后，其收缩效应强于裂隙效应，宏观表现为负的损伤值（$D_1^{\text{WD}} = -0.088$），即试样整体呈现出收缩压密的现象，如图 3.12（b）所示。试样随后转入冻融阶段，一次冻融作用下试样的损伤为正（$D_1^{\text{FT}} = 0.017$），这说明第一次冻融阶段试样裂隙效应占主导［图 3.12（c）］。冻融循环作为一种温度变化的载体，具有特殊的强风化效果（郑郧等，2015），从微细观角度可视为土中矿物、颗粒或土壤团聚体的破碎与重组（冯德成等，2017）。试样单向冻结过程中，自由水由未冻区向上迁移，促进了分凝冰的生成，对试样造成损伤。同时，由第 3 章单元裂隙试验可知，冻融过程易造成试样内部裂隙的破碎断裂，进一步加剧了试样的损伤。但将湿干和冻融作为一个耦合循环进行考虑，一次耦合循环作用下试样整体呈收缩压密状态（$D_1^{\text{WDFT}} = -0.07$）；随着循环次数的增加，耦合损伤值在第三次循环结束后变为正值（$D_3^{\text{WDFT}} = 0.217$），这说明试样已从收缩效应主导的"压密"状态转化由裂隙效应主导的"疏松"状态。相反，随着围压的升高，试样在低围压（$\sigma_3 = 100\text{kPa}$）出现的初始负损伤现象消失，各循

环对应的损伤值均为正，即裂隙效应主导，这说明围压的增加加剧了试样损伤破坏（朱洵等，2019）。

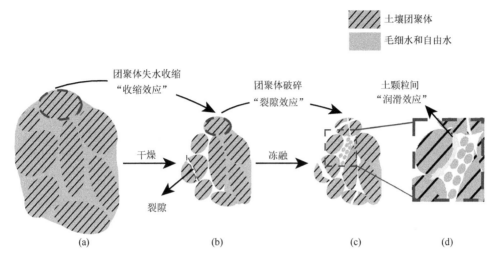

图 3.12　湿干及湿干冻融耦合循环作用下土体微细观损伤演化过程

3.3.2　循环次数及干密度对膨胀土损伤规律的影响

同样，试样的干密度及循环次数的不同也将对其内部的损伤规律造成影响。薛强等发现，随着试样干密度的增加，干湿循环作用下土体内部孔隙结构的损伤程度也逐渐增加。在冻融循环边界条件下也存在类似试样压实度越大，其在经历冻融循环作用下损伤程度越高的现象（马巍和王大雁，2014）。与 3.3.1 节所指出的研究不足情况类似，上述试验结果均仅涉及单纯的湿干、冻融或干湿冻融循环作用下试样的干密度及循环次数对其内部结构损伤规律的影响，而湿干冻融耦合循环作用下不同干密度土体的损伤规律仍值得研究。

图 3.13 为干密度 $1.56g/cm^3$ 试样的湿干、冻融及湿干冻融耦合三种损伤变量随循环次数的变化曲线。与干密度（$1.48g/cm^3$）较低试样的情况类似，干密度（$1.56g/cm^3$）较高试样的各损伤变量随循环次数增加大体仍呈先快速增加，后增加速率放缓并逐渐趋于稳定的变化趋势。湿干、冻融及湿干冻融耦合三种损伤变量的最大值均发生在 7 次循环结束，数值依次为 0.318、0.271 和 0.459，分别对应围压（σ_3）为 400kPa、200kPa 和 400kPa。由图可知，在经历湿干及湿干冻融耦合循环作用后低围压下试样的损伤变量均为正值，这说明在低围压（$\sigma_3 = 100$kPa）下试样干密度的增加抑制其内部"收缩效应"的效果，同时促进了"裂隙效应"的发挥，如图 3.12 所示。

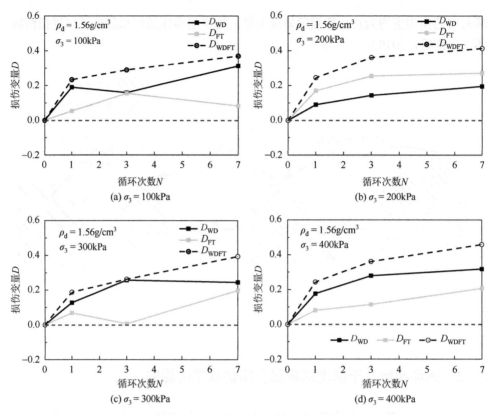

图 3.13　湿干及湿干冻融耦合循环作用下损伤演化特征曲线（$\rho_d = 1.56\text{g/cm}^3$）

对比相同循环次数下不同干密度试样的三种损伤变量与围压的分布（图 3.14），发现在围压较高（$\sigma_3 = 300\text{kPa}$ 和 400kPa）情况下，随着循环次数的增加，两种干密度试样对应的湿干冻融耦合损伤变量 ΔD_i^{WDFT} 差值逐渐增大，具体表现为干密度较大试样（$\rho_d = 1.56\text{g/cm}^3$）损伤变量的增加速率明显高于干密度较小试样（$\rho_d = 1.48\text{g/cm}^3$）。虽然围压的增加将抑制试样的"裂隙效应"（程明书等，2016），减小环境边界对土体内部结构的损伤（赵立业等，2016），但在干密度较高状态下也将加剧土体内部孔隙结构的损伤，故产生上述现象的原因可能是在试验过程中干密度对土体损伤起到主导作用，最终导致试样的干密度越高，对应的损伤变量增加速率越大。待 7 次循环结束后，两种干密度试样在低围压区间内（$\sigma_3 \in [100\text{kPa}, 200\text{kPa}]$）对应的湿干与冻融损伤变量呈现出完全相反的变化规律，如图 3.14（c）所示，即在低围压范围内，随着围压的增加，较低干密度试样的湿干损伤变量 D_i^{WD} 逐渐增大，冻融损伤变量 D_i^{WD} 则逐渐减小；而干密度较高试样对应的 D_i^{WD} 逐渐减小，D_i^{FT} 则逐渐增大。这说明在较低围压情况下，土体的干密度对其最终损伤组成产生较大影响，即随着干密度的增加，干湿循环对浅层土体的影响逐渐降低，而冻融对土体的破坏效果逐渐凸显。

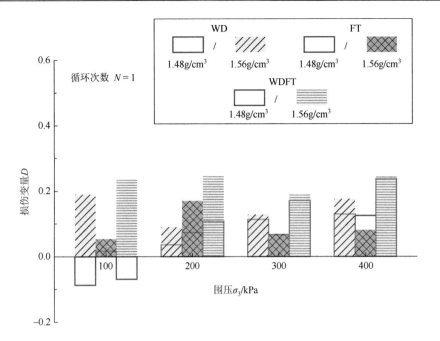

(a) 循环次数 $N = 1$

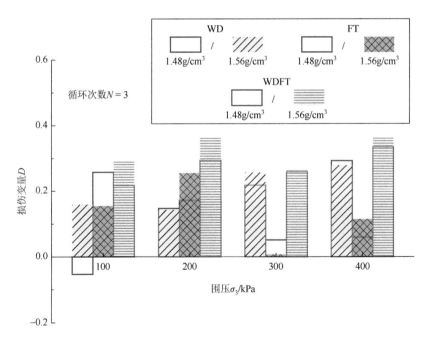

(b) 循环次数 $N = 3$

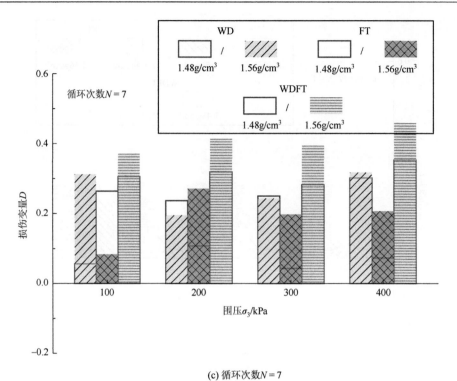

(c) 循环次数$N=7$

图 3.14　不同围压下各损伤变量的分布

第4章 膨胀土渠道冻融过程离心模拟技术

4.1 土工离心模拟的基本原理及发展

岩土工程领域,主要的研究手段包括理论分析和试验研究。理论分析虽然严谨、准确,但通常要做一些简化,对某些特殊情况做出假设,其结果往往与真实情况存在一定差距。试验可以分为小比尺试验、现场原位试验和离心模型试验。小比尺试验是将实际工程中的物体缩小 N 倍之后重现于实验室内,用以模拟原型的各种指标和状态,但小比尺试验虽然制作方便,量测手段也比较准确,但是存在与原型应力不相似的问题;现场原位试验是指按 1:1 的模型比尺建立一个与原型完全相同的模型,其应力应变及其他参数均与原型一致,是最接近工程实际情况的试验,但其费用较高,量测时间过长,有些自然条件难以模拟;离心模型试验是利用高速水平旋转的离心机产生离心力,利用离心力来模拟重力。在模型制作材料和密度与原型相同时,尺寸缩小 N 倍的土工模型承受 N 倍重力加速度时,可以保证模型与原型的应力相似,破坏机理相同,变形相似,并且试验时间较之足尺模型试验大大缩短,是一种极为理想的研究手段。

离心模型试验准则的提出和试验方法的构想最早源于 1869 年,当时一名法国人 Phillips 在研究横跨英吉利海峡的铁桥时,首次提出用离心机施加离心力场来模拟超重力场的设想。随后 1931 年美国人 Bucky 首次实现了 Phillips 的设想,在臂长 0.5m 的首台离心机内进行了矿山工程地下巷道顶板的完整性分析,标志着离心模型试验技术开始应用于岩土工程领域。我国在 1982 年由长江科学院建成首台 150gt 的离心机,随后中国水利水电科学研究院和南京水利科学研究院分别建成了 450gt 和 400gt 的大型土工离心机,为我国水利事业的技术攻关提供了可靠的手段。

离心模型试验的原理是利用高速水平旋转的离心机让模型承受大于重力加速度的离心作用,从而达到对超重力场的模拟。假设原型的容重为 $\gamma_p = \rho g$,其中,g 为重力加速度。此时模型的容重为 $\gamma_m = \rho(g+i) = \rho a$,其中,$g$ 为重力加速度;i 为离心机提供的加速度;a 为总加速度。若要使原型与模型应力相等,则 $\sigma_p = \sigma_m$,由此可得 $\gamma_p h_p = \gamma_m h_m$,即 $\rho g h_p = \rho a h_m$,化简后可推出:$a = h_p g / h_m$,若令 $h_p / h_m = N$,则 $a = Ng$。这说明在离心模型试验中,缩尺 N 倍的模型必须利用离心机产生 N 倍的超重力加速度,才能达到和原型应力完全一致的条件,如果选取与原型相同的材料来制作模型,就可以实现模型和原型的应力相似。

4.2　膨胀土渠道冻融循环离心模型试验设备

具备模拟低温环境的离心模型试验设备是开展渠道冻害防护离心模型试验的首要条件，热交换装置是该试验设备的核心内容。自20世纪80年代以来，随着冻土离心试验装置的不断发展，已有的热交换装置为渠道冻融离心模型设备的研制提供了宝贵的借鉴。采用半导体制冷方式，通过改进和完善，成功研制了渠道冻融离心模型试验设备，为渠道冻融离心模型试验的研究提供了平台。

4.2.1　热交换装置的研制

1. 热交换方式的选择

在离心机模型箱内为模型提供换热条件，必须考虑模拟工程类型、该装置与现有离心机的匹配程度、制冷效率以及安全性。由于超重力场中传统的制冷设备（如压缩机）工作失效，因此需要寻找适合超重力场环境中工作的制冷/制热设备。目前用于冻土离心模型试验研究的热交换装置，主要分为直接热传导装置和间接热传导装置两大类。直接热传导装置是以"送风"为输出形式的强迫对流装置，通常可以提供较低的温度，主要不足是制冷剂在离心模拟试验过程中需要维持高压，若发生泄漏，带有腐蚀性的制冷剂可能会腐蚀模型及模型箱，且所需制冷剂量较大，容器占据了模型箱内较多的空间。具有涡流管等装置的直接传导装置，可将高速旋转的压缩空气分离成低温气体和高温气体，低温气体直接吹送至模型表面，而高温气体向离心机室排放。涡流管可以根据控制阀调整具体温度，但该装置需要特殊的集流环供电，每一组集流环需要彼此隔离和独立工作，集流环润滑剂不足则会导致制设备失效、损坏，影响实验设备的使用。此外，强迫对流装置的一个共同特点是水汽可能从模型表面转移至冷却系统内的任何位置，这对考虑一定含水率条件下的冻土模型的试验结果可能会产生较大的影响。

以半导体制冷为代表的间接热传导装置，无须制冷剂，大大节省了模型箱内的空间。将若干个p-n结热电偶连接构成一组热电堆，把热电堆的冷端放到模型箱内吸热降温，热端热量通过流动水带出，冷端与热端可以通过电流方向相互转换，工作时只需将交变电流变换为直流电流即可。半导体热交换装置具有安全性高，工作不受低温、高压、高离心加速度的影响等特点。根据渠道原型的温度变化特征，自上而下由模型表面指向渠基内部的降温/升温梯度方向更符合真实情形，因此，半导体制冷与渠道冻害离心模拟试验有着良好的契合度。综上考虑，选取半导体制冷作为渠道冻融离心模拟试验的制冷方式。

2. 热交换装置的设计

综合考虑模型箱容积和制冷效率计算，设计采用 12 组半导体二级制冷热电堆（制冷片），每组热电堆中，一级由 88 对 p-n 结串联，二级由 24 对 p-n 结串联，单个 p-n 结的电功率为 2.68W，各级工作电流相同，工作电压约为 0.11V，各组制冷热电堆间串联连接，理论总制冷功率为 3600W。各组热电堆按 4×3 矩形阵列，如图 4.1 所示。制作工艺为隔板式工艺，选取强度高而导热性能较差的钢化纤维板做成双层隔板，按热电堆排列位置打孔，孔径略大于元件直径，将事先挂好焊料的热电堆插入隔板孔中，用热探针检查热电堆有无错放，确保冷热端方向摆放正确。安置完成后在隔板间充填泡沫塑料，最后盒盖密封。

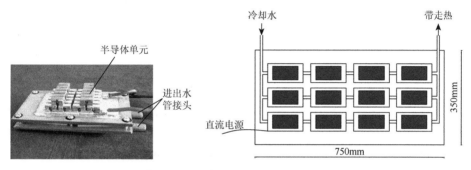

图 4.1　半导体热交换板

制冷半导体热交换板安装在模型箱内上方，兼做模型箱顶盖，通直流电后可向模型箱内自上而下供冷/热。每组制冷热电堆的热端上方设有小型储水箱，连接各水箱管接头最终并为一股。该设备可以快速实现温度升降，可实现的温度变化范围为–40～30℃。

3. 冷却水循环系统

由于半导体热电堆是一种温差器件，当一端制冷时另一端必然会产生热量，当冷端和热端达到一定温差，热传递的量相等时，就会达到一个平衡点，此时冷热端的温度就不会继续发生变化。采取水冷方法带走热端的热量来实现冷端持续降低温度是较为理想的。

水旋转接头是从地面向离心机上转动中的试验设备提供水源的部件。当离心机配备有水旋转接头时，冷却水系统是通过水旋转接头供水口由地面供水（自来水或常温水）到半导体制冷器热端带走热端温度，循环后再通过水旋转接头出水口将水排出到地面。若离心机不具有水旋转接头，那么半导体热交换装置就无法正常工作。

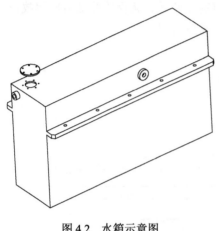

图 4.2　水箱示意图

为实现向半导体制冷器供冷却水，在离心机转臂上设置了一个水箱作为冷却水系统的水源，由不锈钢焊接而成，容积为 50L，如图 4.2 所示。水箱顶部设置有注水口以便向水箱内注水，水箱设置有进水口、出水口，与热交换板进、出水口相连，利用高压水泵输送来满足离心场下供水、回水需求，通过管路与热交换系统形成循环水冷却。设置了四个高压水泵，每个水泵的扬程为 110m，最大输出压力 1.1MPa，可根据制冷效率要求打开 1～2 个水泵。

由于水箱容积有限，半导体制冷器持续产生热量，在长时间循环条件下，水箱内冷却循环水自身的温度将逐渐升高进而降低冷却能力，为此，在冷却水循环回路中配置了一组相应功率的风冷散热器，由散热肋片焊接而成，结构见图 4.3。试验前先从注水口将水箱内注满水，离心机运转试验开始则启动高压水泵，高压水泵入口端将水箱内的冷却水吸入，并从水泵出口端通过管路在水泵压力下供到半导体制冷器热端进行温度交换，在水泵压力作用下温度交换后的水流入回路中的风冷散热器内，利用离心机高速旋转产生的空气流动进行循环水与空气热交换，使回冷却水温保持在允许范围内，最后通过水箱回水口流回水箱内，不断循环为半导体制冷器持续降温。为了预防在夏季进行试验时由于机室内环境温度过高可能造成的制冷片损坏，设置了高温报警系统并与制冷系统关联，当水管中冷却水温度过高时（超过 27℃），制冷系统便会自动切断，停止工作。水泵、水箱和冷凝器由特制高压水管连接，安装在南京水利科学研究院 TLJ-60A 离心机吊臂上，如图 4.4 所示。

水箱、高压水泵、供水管路、回水管路和热交换系统构成了土工离心机制冷系统，如图 4.5 所示，制冷系统平面图如图 4.6 所示。

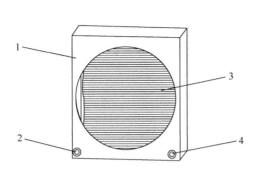

1—外壳；2—进水口；3—换热器；4—出水口

图 4.3　风冷散热器

图 4.4　水泵、水箱和风冷散热器

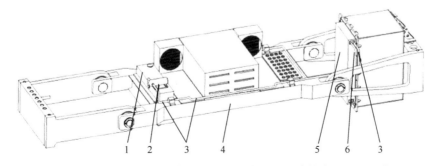

1—水箱；2—高压水泵；3—供水管路；4—离心机转臂；5—热交换系统；6—回水管路

图 4.5　土工离心机制冷系统结构示意图

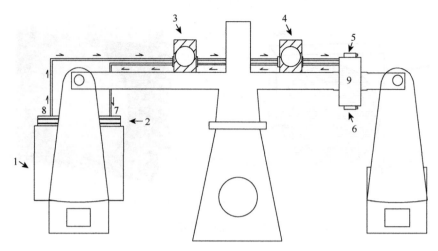

1—模型箱；2—半导体热交换板；3—冷凝器1；4—冷凝器2；5—水泵1；
6—水泵2；7—进水口；8—出水口；9—水箱；——➤ 水流方向

图 4.6　制冷系统平面示意图

4.2.2　冻融离心模型箱

模型箱是安放渠道模型的空间，良好的保温与隔热性能是实现渠道模型快速冻胀融沉的前提。模型箱结构的设计分为外箱、内箱和夹层填充材料三层三部分。外箱由高强度不锈钢材料制作，以保证有足够的结构刚度，能够抵抗高速旋转的离心力作用。内箱由高强度的航空有机玻璃制作，具有良好的耐温和抗冻性能。夹层填充材料为高保温隔热聚四氟乙烯泡沫塑料，其导热系数低于 0.025W/(m·K)。如此三层结构制作的模型箱整体，既能满足强度和刚度的要求，又具有良好的保温隔热性能。

冻融模型箱的内部尺寸为 750mm×350mm×450mm（长、宽、高）。冻融模型箱的上部覆盖着热交换系统，热交换系统是利用多块半导体制冷器制冷或制热来实现温度控制的，通过电能转换成冷热能向下方土体模型表面传递，使土壤模型由外向内产生降温或升温效果，从而实现模拟地基的冻胀或融沉。试验时模型箱内布设传感器，模型箱整体需固定在离心机的吊篮内。安装在离心机转臂上的冻融模型箱见图4.7。

4.2.3　冻融离心测量系统

试验过程中需安装位移传感器和温度传感器以分别测试渠道冻胀位移和渠基土温度。温度传感器采用的是 PT-100 铂电阻传感器，工作范围为–200～800℃。位

图 4.7　安装在离心机转臂上的冻融模型箱

移传感器采用的是直流回弹式位移传感器（LVDT），工作原理属于差动变压式，该类传感器耐低温、温度漂移小、线性度高。所用的 PT-100 铂电阻传感器和 LVDT 传感器如图 4.8 所示。

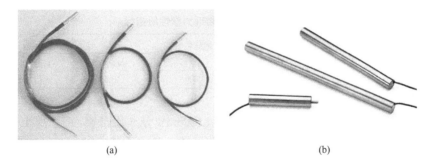

(a)　　　　　　　　　　　　　　　　(b)

图 4.8　所用的温度传感器（a）和位移传感器（b）

4.3　膨胀土渠道冻融过程离心模型试验

4.3.1　模型的设计与制作

　　模型用土取自新疆北疆某输水渠道工程现场的渠基土，按照《土工试验方法标准》（GB/T50123—2019），将土料过 5mm 筛，剔除土料中的砾石和杂质，将制备好的土料过 2mm 筛，称取一定质量的土料进行易溶盐试验。易溶盐试验结果见表 4.1。

表 4.1　土料易溶盐试验明细　　　（单位：mg/kg）

Na$^+$	K$^+$	Ca^{2+}	Mg^{2+}	HCO$_3^-$	CO$_3^{2-}$	Cl$^-$	SO$_4^{2-}$
437	7.1	198	39.1	228	11.8	585	545

　　经易溶盐试验测定，从现场取回的渠基土易溶盐总量用质量百分数表示为 0.2%，pH 为 8.38，主要易溶盐为硫酸钠，占盐分总质量的 48.5%。根据《岩土工程勘察规范》（GB50021—2017）判定该土为非盐渍土。冻胀变形量及无侧限抗压强度显著受到含水率和盐分含量的影响。

　　对该土按《土工试验方法标准》（GB/T50123—2019）进行比重试验、颗粒分析试验、液塑限试验、击实试验和风干含水率试验，根据《土的工程分类标准》（GB/T50145—2007），该种渠基土工程名称为低液限黏土，其颗粒级配和物理力学性质指标如表 4.2 和表 4.3 所示。

表 4.2　渠基土的颗粒分析试验

颗粒/mm			不均匀系数 Cu
>0.075	0.075~0.005	<0.005	
17.9%	62.1%	20%	15.5

表 4.3　渠基土基本物理力学性质指标

颗粒比重 G_S	液限 ω_L/%	塑限 ω_P/%	塑性指数 I_p	击实试验	
				ω_{op}/%	ρ_{dmax}/(g/cm^3)
2.7	29.1	15.2	13.9	13.5	1.89

　　设定初始含水率为 15.5%，干密度为 1.8g/cm^3，分 5 层击实，每层用土 27kg。模型不进行土样的固结，仍用于模拟填方渠道、冬季不供水的情形。击实后再按设计尺寸将模型断面挖出，其中表面预留 10~30mm 用于铺设渠道衬砌、保温材料和埋设传感器，模型用土的总质量为 110kg。原型和模型断面尺寸如图 4.9 和图 4.10 所示。

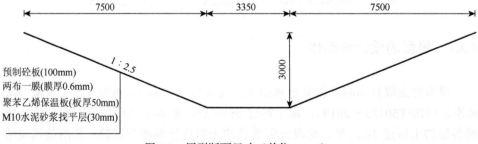

图 4.9　原型断面尺寸（单位：mm）

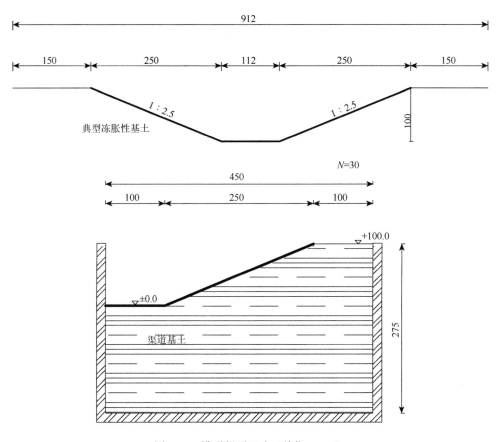

图 4.10　模型断面尺寸（单位：mm）

原型渠道为新规划渠道，铺设材料自上而下为：预制砼板、两布一膜、保温板。拟在试验中铺设的材料为衬砌板、聚苯乙烯保温板以及铜板，如图 4.11 所示。

预制砼板由 1∶2.5 水泥砂浆制成，与上一章冻胀模型试验所采用的六棱柱砌块不同，本次试验衬砌依据原型设计为整体性较好的矩形衬砌，具体尺寸为：长 115mm、宽 85mm、厚 1.5mm，材料导热系数约为 0.93W/（m·k）。保温板采用聚苯乙烯保温材料，长 365mm、宽 350mm、厚 2mm，材料导热系数 $k = 0.042$W/(m·k)。铜板为黄铜，长 465mm、宽 345mm、厚 0.2mm，导热系数 $k \approx 106$W/(m·k)，铺设铜板的目的是考察该方法能否削减渠顶与渠底较大的温差。

拟开展四组试验：渠基土一次冻融循环试验、渠基土多次冻融循环试验、渠道单向冻结试验、渠道一次冻融循环试验，每组试验的模型尺寸及模型比尺均相同。各组试验类型及说明如表 4.4 所示。

衬砌板

铜板

聚苯乙烯保温板

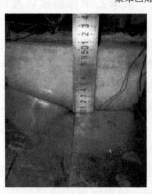

控制间距

图 4.11　铺设材料实物图

表 4.4　试验方案明细

试验名称	试验组号	冻融周期设定	铺设材料种类
渠基土冻融循环试验	Ⅰ	渠基土一次冻融循环	铜板
	Ⅱ	渠基土多次冻融循环	铜板

4.3.2　量测仪器埋设

将距模型箱长度方向的侧边 100mm 处作为一量测剖面,在这一剖面的渠顶、渠坡、渠底表面设置测点,每一测点埋设三只 PT-100 型铂电阻温度传感器,具体为:距离坡顶 20mm 处的渠顶表面,T1;渠顶下 10mm,T2;渠顶下 30mm,T3。渠坡中点上表面,T4;表面下 10mm,T5;表面下 30mm,T6,测点连线与渠坡垂直。渠底距坡脚 75mm 处上表面,T7;表面下 10mm,T8;渠顶下 30mm,T9。渠坡、渠底测点表面分别安装一只 LVDT 位移传感器。传感器端线通过热交换板上方的洞口穿出与数据采集系统接口连接,传感器布设完成后将土体表面轻压、碾平,最后铺设衬砌、保温板、铜板等材料。考虑上一试验中渠顶距热交换板过近,导致渠顶与渠底温差很大,因此在本次试验中,将渠顶至热交换板的距离增加至10mm,渠底至热交换板的距离为 110mm,铺设方式如图 4.12 所示,传感器布置及各组试验的铺设方式如图 4.13 所示。

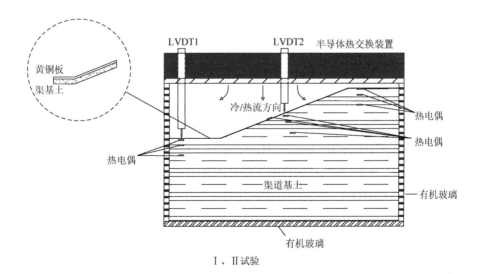

Ⅰ、Ⅱ试验

图 4.12　表面铺设方式及传感器布置

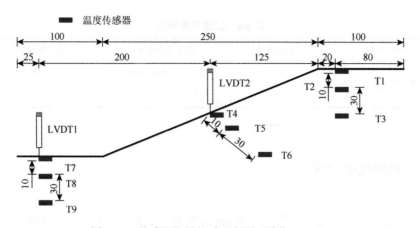

图 4.13　传感器位置关系示意图（单位：mm）

4.3.3　温度输出设置

根据离心模拟试验土体模型内传热（包括热对流和热传导）速度是原型内的 N^2 倍的关系，在 $N=30$ 条件下，模型时间 600min≈原型时间 1 年。根据这一相似准则，试验 I 设定为一个融化期和一个冻结期，冻结期、融化期的时间均为 305min，相当于原型时间约半年，48min 对应原型时间 1 个月。II试验中包括两个冻结期、两个融化期，一个冻结期、融化期时间为 145min≈3 个月。试验的目标温度、温度边界输出以及冻结周期见表 4.5。运行离心机由 $1g$ 加速至目标加速度值 $30g$，待转速稳定后开启温度控制并采集数据。

表 4.5　各组试验中的温度边界设定

试验组号	目标温度设定	温度边界输出示意	冻结期、融化期次数
I	−40/25℃	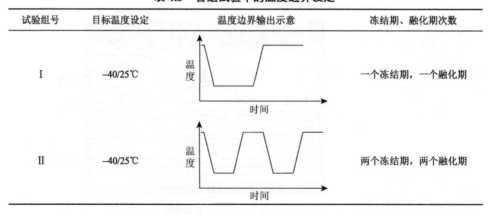	一个冻结期，一个融化期
II	−40/25℃		两个冻结期，两个融化期

在水箱内部、热交换板表面以及铜板表面各安放一只温度传感器，用于实时监测试验设备的工作过程以及模型箱内环境温度的变化。

4.3.4 试验结果及分析

1. 渠基土冻融循环试验

试验开始前各测点的初始温度如表 4.6 所示，试验过程中热交换板、水箱以及铜板的每 5min 的温度变化如图 4.14 所示。热交换板设定的温度变化区间为 –40～25℃，实际达到的最低温度为 –39.43℃，最高温度为 25.93℃，最大温差 65.36℃，制冷工况下最低温度逼近设定值，而制热工况下最高温度超出设定值 0.93℃；渠基土表面铜板达到的最低温度为 –11.86℃，最高温度为 12.4℃；水箱初始温度为 10.74℃，制冷工况中温度上升 5.14℃，达到 15.88℃，制热工况下水箱最终温度为 11.95℃，下降 3.93℃。

表 4.6　各测点的初始温度　（单位：℃）

项目	渠顶	渠坡	渠底	热交换板	水箱	铜板
表面	11.68	11.03	11.05			
表面下 10mm	11.21	11.3	11.3	9.48	10.74	11.23
表面下 30mm	10.96	11.22	10.99			

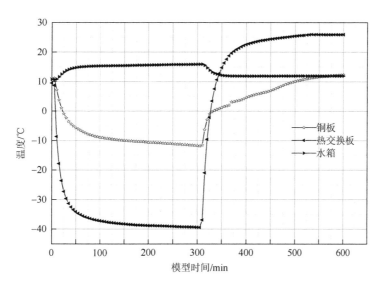

图 4.14　热交换板的温度输出和铜板、水箱的温度变化

由于初始温度、目标设定温度的不同，热交换板在制冷和制热工况下的实际测量的输出结果并不呈中心对称，但温度变化的基本规律是大致相同的，可

概括为：降温/升温阶段和"保温阶段"。降温/升温阶段的降温/升温速率较快，"保温阶段"时降温/升温速率明显减缓，输出温度并不恒定而是逐步逼近目标温度。以制冷工况为例，如图 4.15 所示（试验开始的 35min 内以每 1min 度量）。热交换板在模型时间 5～35min 由初始温度 9.48℃降至−31.31℃，降温速率为 1.35℃/min，35～150min 的降温速率为 0.06℃/min，而 150～305min 时间区间内，输出温度由−38.29℃下降至−39.43℃，降温速率仅为 0.007℃/min。采用衰减指数函数对热交换板的制冷和制热工况下的温度变化的散点图进行拟合，如图 4.16 所示。试验中离心机在 5min 内加速至设定值，试验期间转速稳定，工作良好。

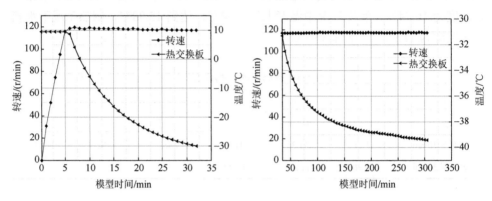

图 4.15　制冷工况下热交换板的温度变化

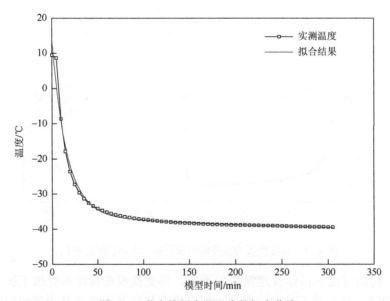

图 4.16　热交换板实测温度的拟合曲线

试验中模型渠顶、渠坡、渠底表面的温度变化如图 4.17 所示。渠底、渠坡的初始温度几乎相同，而渠顶初始温度较两者高出 0.5℃。试验过程中三个测点的温度变化几乎同步，冻结期内，渠顶在模型时间 305min 达到最低温度−4.91℃，渠坡、渠底达到最低温度的时间相同，分别为−4.33℃、−4.12℃，两者仅相差 0.21℃，渠坡与渠顶相差 0.58℃、渠底与渠顶相差 0.79℃。模型时间 305min 后进入融化期，渠顶、渠坡、渠底达到最高温度均在试验终止时间 605min，分别为 6.96℃、5.78℃、5.03℃，渠顶＞渠坡＞渠底。模型表面铺设的铜板与土体直接接触，冻结期内各测点温度变化基本同步，在融化期各点的升温速率较冻结期慢，这是由于当模型表面温度低于热交换板表面温度后，模型中由自然对流引起的热交换作用消失，仅为传导作用，距离热交换板最近的渠顶表面升温速率应最快，但铺设的铜板缩小了各测点的温差。

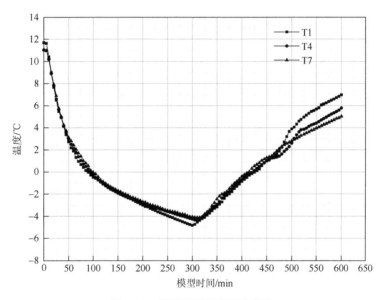

图 4.17　模型表面各点温度变化

考察试验中冻结期和融化期的过渡转换期，模型表面每 1 分钟的温度变化如图 4.18 所示。在 305min 时热交换板启动制热工况，渠顶在同一时刻进入融化期，升温速率在 315min 时突然增大。渠坡、渠底进入融化期相对滞后，其中渠坡在转换期开始时温度继续下降，约 3min 后开始缓慢上升，而渠底温度则表现为反复震荡后缓慢上升，持续了近 10min。这一现象也是特征距离对模型对流换热影响的体现，在转换期开始时，模型箱内气温突然上升，模型表面的铜板首先与热交换板进行对流换热，因特征距离的不同使得铜板整体在较短时间内温度分布不均，距离最近的渠顶首先响应，而较远的渠坡和渠底，温度仍维持或稍有下降。

随着试验的进行，铜板的温度分布逐渐均匀，各测点温度变化趋势逐渐接近。通过加设铜板与冷/热端的对流换热再与模型表面直接导热，明显地改善了离心模型试验中不同特征距离造成的对流换热不均，表面温差较大的现象。利用热交换板冷端输出模拟大气温度，模型表面在冻结期随着大气温度的降低而下降，融化期随着大气温度的升高而上升，表现出模拟大气温度周期性变化的特性。

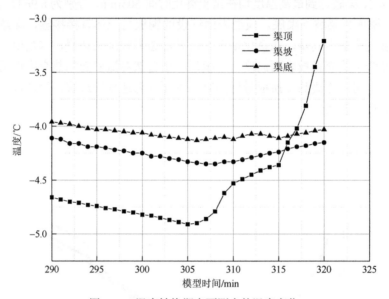

图 4.18　温度转换期表面测点的温度变化

　　冻结期表面进入负温以及融化期表面进入正温阶段的各测点温度变化如图 4.19 所示。在冻结期内，渠顶进入负温的时间点为 90min，渠坡为 95min，渠底为 99min，对应原型时间分别为：56d、59d、62d。对于融化期，表面各点达到0℃的时间分别为：渠底 415min、渠坡 422min、渠顶 427min，对应原型时间分别为：259d、264d、267d。渠坡、渠底两点在 0℃左右两侧升温幅度较缓，推测可能与土体表面融化吸收潜热有关，但这一现象在渠顶并不明显。

　　不同深度的测点温度变化见图 4.20，各测点达到的最低、最高温度如表 4.7所示。根据试验结果，推测试验冻结深度在 10~30mm，对应原型为 30~90cm，冻结深度值的关系为渠顶＞渠坡＞渠底。计算各测点最低温度的均值和离差绝对值，如表 4.8 所示。

　　冻结期内，渠顶表面有离差最大值 0.46，渠底表面下 30mm 有离差最小值 0.03。融化期内，最大值 1.04，位于渠顶表面；最小值接近 0，位于渠坡表面下 10mm。同一深度的各测点最低/最高温度的离差绝对值较为接近，再次说明了加设铜板用于调整离心模型试验的温度场是较为合理的。

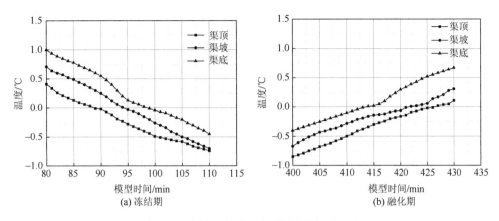

(a) 冻结期　　　　　　　　　　　　　　(b) 融化期

图 4.19　冻结温度附近表面测点的温度变化

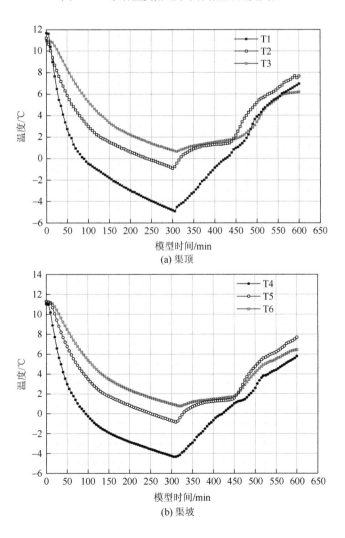

(a) 渠顶

(b) 渠坡

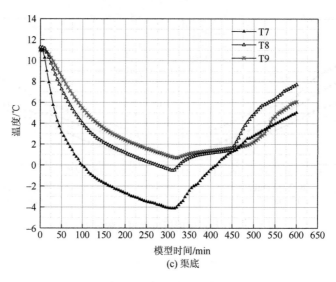

(c) 渠底

图 4.20　各测点温度变化

表 4.7　冻结期、融化期各测点的最高/最低温度　　　　（单位：℃）

项目	冻结期			融化期		
	渠顶	渠坡	渠底	渠顶	渠坡	渠底
表面	−4.91	−4.33	−4.12	6.96	5.78	5.03
10mm	−0.76	−0.78	−0.51	7.67	7.68	7.71
30mm	0.70	0.87	0.82	6.20	6.44	6.05

表 4.8　温度差异　　　　（单位：℃）

项目	渠顶	渠坡	渠底	时间划分
表面	0.46	0.12	0.33	
10mm	0.08	0.01	0.17	冻结期
30mm	0.09	0.08	0.03	
表面	1.04	0.14	0.89	
10mm	0.01	0	0.03	融化期
30mm	0.03	0.21	0.18	

　　同一深度处土体各测点温度变化如图 4.21 所示。与模型表面在转换期温度变化类似，土体内部温度仍在热交换板制热工况开始阶段的前 20min 内继续下降，其后温度开始逐渐上升。升温期间，土体内部相对模型表面存在一个升温速率较慢的阶段，这一阶段为 305～450min，表面下 10mm 处在图中表现为"凸面"，而

表面下 30mm 处，土体始终未达到负温，"凸面"并不明显，但升温速率最为缓慢。"凸面"的形成可能与热交换板制热时的换热机理有关。

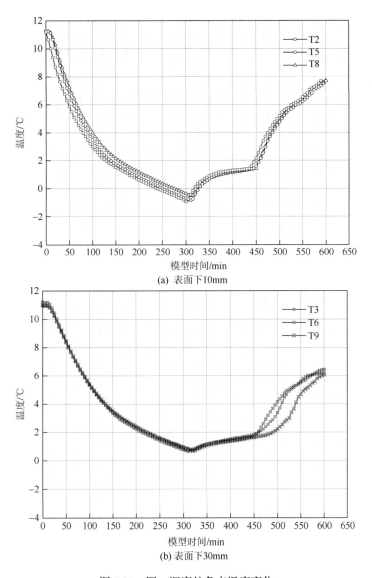

(a) 表面下10mm

(b) 表面下30mm

图 4.21　同一深度处各点温度变化

选取热交换板下渠顶、渠坡、渠底各测点沿深度的温度变化，如图 4.22 所示。如前所述，冻结期内，试验开始 35min 后热交换板表面温度基本是恒定的，表面达到负温后该点与基土内温差逐渐增大，这是冻土和未冻土的导热率存在差异引起的；对于融化期，基土内部温度升温速率显著小于表面升温速率，而温度变化性状与冻结期差别较大。给出冻结期、融化期的平均温度梯度，如图 4.23 所示。
平均温度梯度是相邻两点的温度差除以两点间的距离（渠坡的温度梯度垂直于
坡面方向）。冻结期内模型时间约 35min 后便基本稳定。渠坡位置处 0～10mm
法向温度梯度约为 10～30mm 的 4 倍，同一值渠底则略高于 6 倍。融化期内的
平均温度梯度变化并没有显著的规律，但在同一深度下平均温度梯度的变化趋
势基本相同。

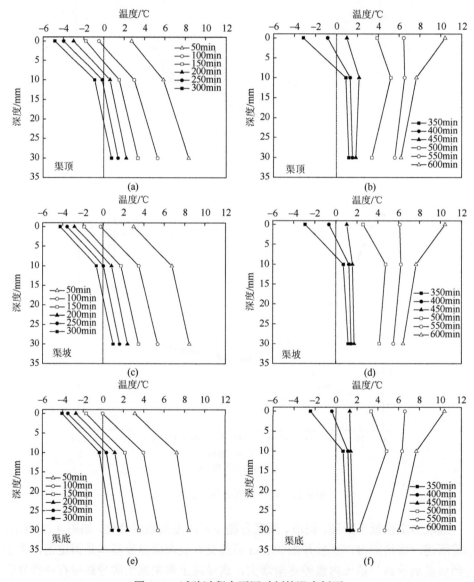

图 4.22　试验过程中不同时刻的温度剖面

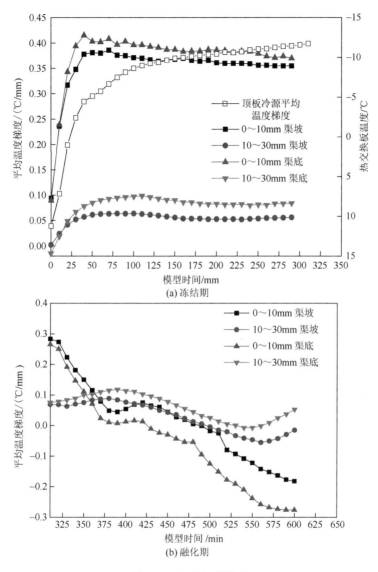

图 4.23　平均温度梯度

　　表面铺设导热系数相对较大的铜板，宏观上起着平均表面温度的效果。努塞特数 Nu 在固体侧称为比奥模数 Bi = hl/k，这里特征尺寸为固体材料的特征尺寸，等于体积除以表面积。试验中所使用的铜板厚度远小于长度和宽度方向，因此 Bi ≪ 0.1，铜板中内部各点的温度在同一时刻可以视作处处相同，根据导热的傅里叶定律：$q = -k\mathrm{grad}t = -k\dfrac{\partial t}{\partial x}n$，$\mathrm{grad}t$ 近似为常量，即该段时间内模型表面任意位置处带出的热流密度为定值。试验中冻结期内当热交换板温度趋于稳定后土体内相邻两点的平均温度梯度确为定值，因此表面温度边界可视为具有第二类边界条件的热传导边界。在升温期，热交换板的温度上升迅速，当热交换板温度大于模型表面温度后，在没有气体驱动装置条件下，模型表面的对流换热作用停止，换热过程仅是通过空气介质的热传导以及热辐射，故基土内出现温度梯度变化不规律的情况。

　　试验过程中渠坡和渠底表面所测位移变化如图 4.24 所示。这是由于在试验准备过程中，为防止损坏埋设的传感器，并没有将铜板紧压模型表面，而仅做整平处理，因此铜板与土体表面间存在微小的间隙。离心机在试验开始后 5min 内转至目标设定值，铜板随之与模型表面贴近，传感器探针与表面铺设的铜板为触碰关系，随铜板一同下沉，所以造成了模型时间在 0～5min 内，LVDT 传感器数值均由 0 下降至负值的情形。当离心机转速稳定后，LVDT1、LVDT2 传感器所测渠底、渠坡位移值分别在 0.05～0.15mm 处小幅摆动。冻结期内模型表面进入负温后渠底表面开始出现较为明显的冻胀变形，持续较长一段时间后冻胀变形不再增长，LVDT1 最终量测值为（0.51±0.02）mm，考虑下沉量负值，渠底最终冻胀变形值为（0.56±0.02）mm，对应原型为（16.8±0.6）mm。同样地，LVDT2 最终量测值为（0.37±0.01）mm，渠坡最终冻胀变形为（0.47±0.01）mm，对应原型为（14.1±0.3）mm，稍小于渠底冻胀变形值。模型表面进入正温后竖向位移开始下降，土体表面出现融沉现象，融沉过程持续时间较冻胀变形过程持续时间短。LVDT1 最终量测值为（-0.02±0.01）mm，渠底最终融沉位移（0.58±0.03）mm，

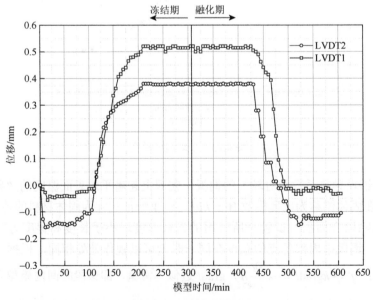

图 4.24　位移变化过程

对应原型为（17.4±0.9）mm；LVDT2 最终量测值为（−0.11±0.01）mm，渠坡最终融沉位移（0.58±0.02）mm，对应原型为（17.4±0.6）mm。

考察冻胀变形的发展过程，给出模型时间 90～250min 每 2 分钟位移的变化，如图 4.25 所示。渠底发生冻胀变形的起始时间为 114min，对应原型时间第 71d，至 160min 这一期间冻胀速率约为 0.009mm/min，对应原型为 0.43mm/d，随后冻胀速率开始下降，至 208min 时这一阶段的冻胀速率约为 0.002mm/min，对应原型为 0.11mm/d。类似地，渠坡发生冻胀变形的起始时间为 110min，对应原型时间第 69d。110～130min 这一期间冻胀速率约为 0.014mm/min，对应原型为 0.672mm/d，130～160min 冻胀速率下降至 0.002mm/min，对应原型为 0.142mm/d。160～208min 冻胀速率进一步下降至 0.0015mm/min，对应原型为 0.076mm/d。整个冻胀变形阶段持续的时间分别为：渠底 94min，对应原型时间 59d；渠坡 100min，对应原型时间 63d。

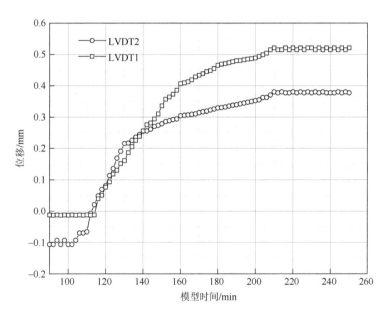

图 4.25　冻胀变形过程

相应地，融沉变形过程如图 4.26 所示。渠底发生融沉变形的起始时间为 424min，至 460min 这一期间融沉变形速率约为 0.005mm/min，对应原型为 0.24mm/d，随后变形速率提高至 0.011mm/min，460～490min，持续 30min。渠坡发生融沉变形的起始时间为 430min，对应原型时间第 269d，至 470min 这一期间融沉变形速率约为 0.009mm/min，对应原型速率为 0.005mm/d，随后下降至 0.003mm/min，对应原型速率为 0.17mm/d，470～508min，持续 38min。整个融沉变形阶段持续的时间分别为：渠底 66min，对应原型时间 41d；渠坡 78min，对应原型时间 49d。

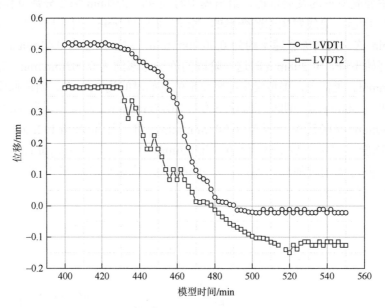

图 4.26　融沉变形过程

渠道冻胀变形的发展过程与土体表面温度的关系，如图 4.27 所示。由表面土体进入 0℃起至冻胀变形稳定止划分为三个区域，Ⅰ区由渠底表面进入负温的初始时刻 99min 至冻胀变形的起始时刻 114min，历时 15min，这一期间的降温速率为 0.042℃/min；Ⅱ区为速冻胀阶段，为 114～160min，历时 46min，降温速率为 0.029℃/min，冻胀速率为 0.009mm/min；Ⅲ区为缓冻胀阶段，为 160～210min，冻胀变形达到稳定值，其间降温速率为 0.018℃/min，冻胀速率为 0.002mm/min。渠坡表面进入负温的时刻为 95min，发生冻胀变形的起始时刻为 110min，间隔 15min，渠底、渠坡开始出现冻胀变形均晚于模型表面进入负温的时间。发生冻胀变形的起始时刻对应模型表面的温度分为：渠底–0.72℃，渠坡–0.7℃。两测点在表面温度达到负温与发生冻胀变形的时间间隔是相同的，对应表面温度仅相差 0.02℃。

类似地，考察渠道融沉变形的发展过程与土体表面温度的关系，如图 4.28 所示。在融化期内，渠底达到正温的时刻为 414min，出现融沉变形的时刻为 426min，对应表面温度为 0.88℃，间隔 12min，其间升温速率为 0.04℃/min，对应原型 0.064℃/d。渠坡达到正温的时刻为 422min，出现融沉变形的时刻为 430min，对应表面温度为 0.31℃，渠底与渠坡在出现融沉变形时对应的温度相差 0.57℃，间隔 8min，其间升温速率为 0.038℃/min，对应原型为 0.062℃/d，与渠底相差甚微。

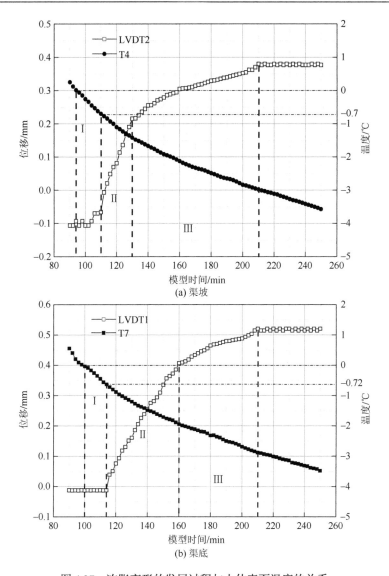

图 4.27　冻胀变形的发展过程与土体表面温度的关系

　　当温度下降至 0℃后，浅表层的土体发生冻结作用，随着温度的下降，冰晶核产生和增长，当冰压力超过土骨架的抗力及土骨架的初始分离抗力之和时，土体产生膨胀现象，土体冻结产生膨胀现象通常在冻结锋面迁移至土体一定深度后产生。基土在达到某一临界温度后原位孔隙水开始冻结，孔隙冰随着冻结锋面的推移持续增长。当原位孔隙冰发育完全后冻胀作用便基本停止了，封闭系统中冻结缘下方的未冻水很难迁移至冻结缘区，因此冻胀变形较小。试验给定土体的含水率≈w_p，即塑限，稍大于临界含水率 w_c，该条件下土的冻胀由原位初始含水率

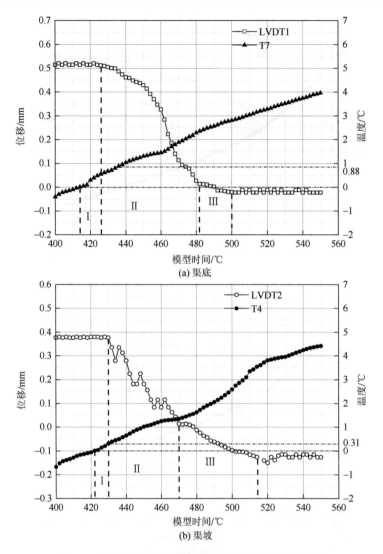

图 4.28　融沉变形的发展过程与土体表面温度的关系

引起弱的冻胀。当然，起始冻胀含水率并不是定值，一些研究表明起始冻胀含水率随冻结速率而变化，冻结速率增大或减弱时，起始冻胀含水率可能随之升高或下降。当渠基浅层土体达到一定温度后，原位未冻水含量已经较少，最终冻胀变形基本稳定，符合试验中观察到冻胀变形量由快变缓的规律。当模型进入融化期，土体表面温度进入正温后，内部冰透体开始融化，这一过程在模型中是自上而下的，但因为其下部冻结土的存在，向下排水条件被阻止，仅可能存在侧面及地表面的排水。融化期间需要吸收一定的潜热，已冻结土融化温度通常高于 0℃。渠基土的冻融作用过程是模型内土体在非稳态的温度场向相对稳定的温度场转变的过程的反映。试验所得渠基土在离心场下受冻融作用的物理力学性状规律性较好，基本符合真实现场渠基土在周期性变温作用下的基本规律。

2. 渠基土多次冻融循环试验

热交换板的温度输出如图 4.29 所示。试验模型时间共计 625min，除去 5min 离心机开机时间，共计 620min，对应原型时间为 385d，其中第一冻结期为 0～185min，其余冻结期、融化期时间均为 145min，相当于原型时间 3 个月。热交换板的温度变化规律大致与一次冻融循环试验相同，冻结期内向目标温度靠近，而融化期超出目标温度 0.2℃。

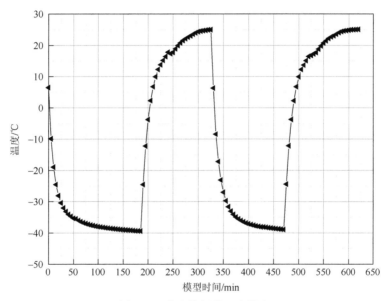

图 4.29　热交换板的温度输出

模型表面的温度变化如图 4.30 所示。冻结期的渠顶达到的最低温度均低于渠坡和渠底的最低温度，第二周期达到的温度较第一周期更低。而融化期各点温度均较为接近。表面各点达到的最低温度如表 4.9 所示。

表 4.9　表面各点达到的最低温度

时间	渠顶(T1)/℃	渠坡(T4)/℃	渠底(T7)/℃
第一个冻结期	−2.4	−1.65	−1.24
第一个融化期	2.30	2.30	2.01
第二个冻结期	−3.23	−2.31	−2.28
第二个融化期	1.85	1.48	1.54

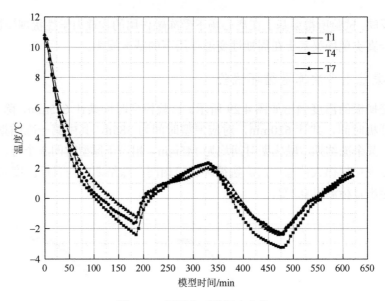

图 4.30　模型表面的温度变化

冻结期表面的最低温度比一次冻融循环试验冻结期的最低温度高，第二个冻结期，模型表面的降温速率在达到−2℃后有所减缓。第一个融化期，负温期间的升温速率较进入正温后的升温速率快，呈现的"凸面"较为明显。而第二个融化期并没有呈现明显的"凸面"，负温前后的升温速率变化不大，仅是负温阶段稍高于正温阶段。同一位置不同深度的温度变化如图 4.31 所示。

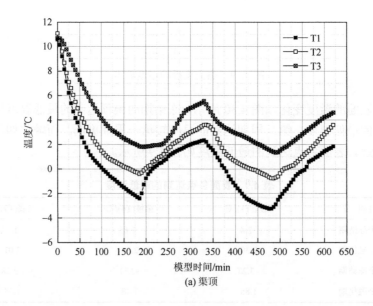

(a) 渠顶

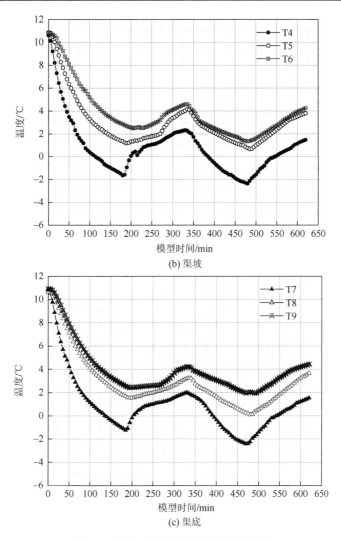

(b) 渠坡

(c) 渠底

图 4.31　同一位置不同深度的温度变化

　　将渠基土两次冻融循环试验与一次冻融循环试验所得模型表面的温度变化规律绘制在同一幅"模型时间-温度"曲线图中,如图 4.32 所示,其中深色代表两次冻融循环试验,浅色代表一次冻融循环试验。在温度边界相同、初始温度较为接近的情况下,两组试验中 0~185min 这一时段温度变化规律十分接近,185min 后两次冻融循环试验进入融化期,渠顶、渠坡、渠底三点的平均最低温度为-1.76℃,而一次冻融循环试验仍处在冻结期,在 305min 三点的平均最低温度达到-4.38℃。若热交换板始终处于制冷工况,模型内土体应可以达到更低的温度。融化期内,由于一次冻融循环试验中各测点的最低温度较低,因此达到 0℃

用时较多次冻融循环试验长。达到 0℃后升温速率只是稍有减缓，而多次冻融循环试验中，第一个融化期的初始温度相对更靠近 0℃，达到 0℃用时短，此后升温速率减缓明显。

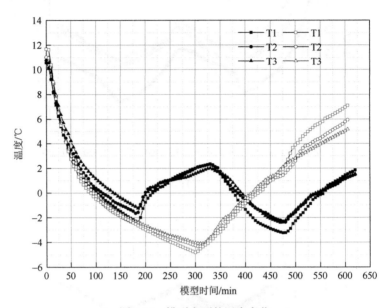

图 4.32　模型表面的温度变化

位移变化规律如图 4.33 所示。第一个冻结期，渠坡、渠底进入负温的时间分别为 110min、116min，产生冻胀变形的时间分别为 131min、134min；第二个冻结期，渠坡、渠底进入负温的时间分别为 384min、392min，产生冻胀变形的时间分别为 399min、405min。类似地，第一个融化期中渠坡、渠底进入正温的时间分别为 199min、205min，发生融沉位移的时间分别为 208min、212min；第二个融化期渠坡、渠底进入正温的时间分别为 541min、544min，发生融沉位移的时间分别为 546min、550min。扣除铜板初始下沉位移，第一冻结期渠坡、渠底最大冻胀量分别为 0.42mm、0.46mm，对应原型分别为 12.6mm、13.8mm，第二冻结期渠坡的最大位移量稍高于第一冻结期，而渠底的最大冻胀变形量基本相同；第一个融化期渠坡、渠底最大融沉位移分别为 0.42mm、0.47mm，对应原型分别为 12.6mm、14.1mm，两次融化期内的最大融沉位移值基本相同。冻结期内渠坡、渠底的冻胀速率较快，没有明显的缓变形阶段，稳定阶段时间较短，第二个冻结期冻胀变形存在稳定阶段，持续 55min。第一个融化期内的融沉变形存在稳定阶段，持续时间分别为：渠底 55min、渠坡 65min。

Miller 第二冻胀理论认为，土体在负温作用下冻结时，自上而下分别为冻结固态、冻结边缘区、未冻结土，冻结边缘区上表面为冰透镜体锋面，下边界为冻

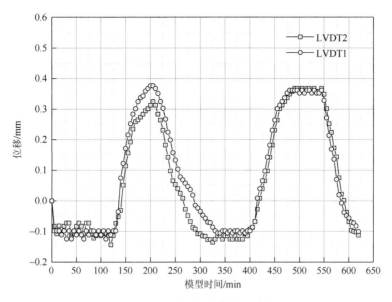

图 4.33　冻融周期内的位移变化

结锋面，从冻结锋面向冰透镜体锋面方向上孔隙冰含量不断增长，未冻水逐渐削减，形成吸力梯度，这使得土体内部水源不断从冻结区向冰透镜体锋面聚集而形成冰，进而产生冻胀。水分对土体的冻融作用产生的冻胀/融沉大小有着重要作用，由于冻融循环作用下未冻水的迁移作用，模型各点的土中水分重分布，进而导致冻融循环周期内土体冻胀/融沉位移量的改变。但这种作用在冻融循环对冻胀试验中并不显著，这仍是封闭系统中水分运移的作用不明显造成的。

　　虽然冻结/融化作用时间相对一次冻融循环试验较短，但在第一个融化期和第二个冻结期内，我们同样观测到了位移出现较为稳定的阶段，原因是模型进入融化期，模型与热交换板热交换的方向发生倒转，土中冻结锋面逐渐"消退"，土中孔隙冰的发育出现停滞。在温度升高的过程中，土体自上而下依次融化，但由于冻深较浅，直到表层土体融化时才出现明显的融沉变形，当孔隙冰相变完全后，融沉变形达到最终稳定，表现为接近传感器的初始值。需要说明的是，第一个冻结期土体达到的最低温度较高，因而在表面各点融化期内进入正温时间较快，故在这之前没有出现明显的冻胀变形相对稳定的阶段。

第 5 章　高寒区膨胀土渠道干湿与冻融耦合过程离心模拟

前述可知，冻融和干湿本质都是由于水分的多少或形态的变化引起的工程问题，而渠道作为输水建筑物，受水分的影响最为直接和长期。干湿和冻融的耦合循环和相互促进势必会造成膨胀土渠道更加严重的劣化破坏，在已通水近 20 年的北疆季冻区供水工程总干渠已经得到证实。上章已对冻融循环下膨胀土边坡的离心模拟技术进行了详细的介绍，本章在此基础上，考虑现场渠道经历干湿和冻融耦合循环作用的特点，对上述设备研发工作进一步深化和完善，从干湿和湿干冻融耦合角度，进一步对高寒区膨胀土渠道的破坏机理进行研究。

5.1　膨胀土渠道干湿循环离心模型试验

5.1.1　试验设备及相似比尺

1. 试验设备

采用电磁阀控制进水管路模拟渠道通水，特制高强度光照发热装置模拟土体自然干燥，通过改进和完善，成功研制了一套可以模拟渠道全年完整的运行工况的离心模型试验设备，为渠道干湿循环离心模型试验的研究提供了有力的保障。

1）水位控制系统的研制

在离心机模型箱内为模型提供交替的干湿循环作用，必须考虑模拟工况的类型是否相符合、该装置与现有离心机的匹配程度、工作效率以及安全性。由于超重力场将导致某些传统仪器失效，因此，首先需要寻找适合超重力场环境工作的设备和仪器。目前用于离心模型试验研究的水位控制系统装置已经较为成熟，通过对前人装置优点的吸取，并结合本实验自身特点，研制了一套水位控制系统，如图 5.1 所示。

该套装置由外部水箱、电磁阀、通水管路、水位传感器构成。对于渠道通水期的模拟，当离心加速度提高到预定值时，进水处的电磁阀打开，水由离心机室外部的水箱通过管路流入模型箱内，并通过水位传感器得知水位高度，到达预定

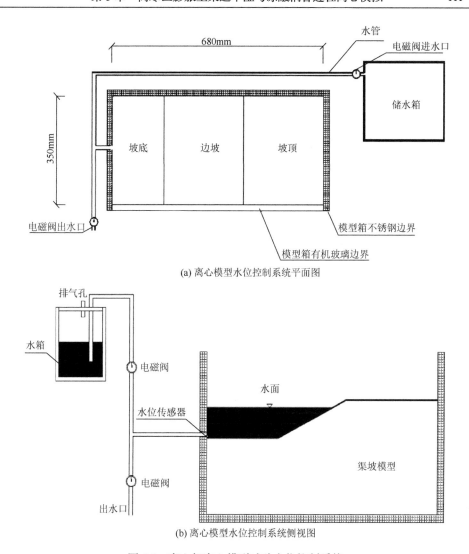

(a) 离心模型水位控制系统平面图

(b) 离心模型水位控制系统侧视图

图 5.1　离心机离心模型试验水位控制系统

高度后电磁阀关闭，并保持该水位不变；对于渠道停水期的模拟，只需保持进水口电磁阀关闭的同时，打开出水口电磁阀，渠道内的水即可排出。如需再次蓄水，只要关闭出水口电磁阀，同时打开进水口电磁阀。如此循环往复即可模拟渠道所经历的"通水—停水"的完整工况。

2）制热干燥装置的研制

制热干燥装置可细分为直接热传导装置和间接热传导装置两大类。直接热传导装置中的以"送风"为输出形式的强迫对流鼓风装置，通常可以提供较高的温度，风速较大，制热效率高。所选用的离心式鼓风机能够产生 6.5m³/min 的空气流量来模拟干燥作用。在高幅度干湿循环试验中还使用电热吹风机提高边坡上方空气的温度，使水分的蒸发加快以模拟高幅度的干燥作用。但其缺点是鼓风机转子为机械式，转速较高，在离心模拟试验过程中转子可能由于一直承受高压而停止工作，而且鼓风装置体积较大，而离心机内吊篮空间十分有限，很难将其完全安装于模型箱上。因此非接触式的间接热传导装置更符合试验条件的要求。

鉴于直接热传导装置无法在离心机内安装使用，只能选择间接热传导装置，通过若干次反复的试验和改进，最终确定采用强光加热的方法。光照加热装置具有安全性高，工作不受水分入侵、高压、高离心加速度的影响等特点。根据渠道原型的干燥特征，由光照产生热量从而自内而外地干燥土体比热风吹送更符合真实情形，因此，光照加热与渠道干湿循环离心模拟试验有着良好的契合度。综上考虑，选取光照加热作为渠道干湿循环离心模拟试验的干燥方式。

通过与厂家的沟通和协商，选用特制硬化材料定制了一款高强度发热灯杯，额定电压 12V，额定功率 50W，灯杯口直径 50mm，高 45mm。定制时选用去掉杯口的透明盖板遮挡款式的灯杯，因为在超重力场下盖板受到过大压力会引起灯杯破碎。具体如图 5.2 所示。

采用特定的不锈钢支架固定灯杯，四角采用螺栓固定，并将电源变压器固定于螺栓两侧，最后将装有灯杯和变压器的支架固定

图 5.2　用于离心模型试验中的加热装置

于模型箱顶部的钢梁上，灯杯通电后 10s 即可稳定发热，制热效率可观。据实测，表面距离坡面约 12cm，坡面受到的光照温度约为 40℃，具体如图 5.3 所示。

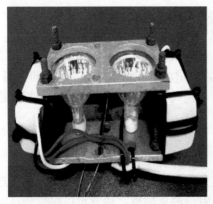

图 5.3　加热装置及其配套设施

3）模型箱

模型箱是安放渠道模型的空间，良好的密封性与可视性能是实现渠道模型干湿循环的前提。模型箱结构的设计分为外箱和侧壁两部分。外箱由高强度不锈钢材料制作，以保证有足够的结构刚度，能够适应高速旋转的离心力场作用。模型箱左侧边开孔，方便水分的进入与排出。前侧壁由高强度的航空有机玻璃制作，具有良好的透光性能和一定的机械强度，保证模型侧面变形能够易于观察。如此制作的模型箱整体，既满足强度和刚度的要求，又能满足试验功能性和可视性要求。

模型箱的内部尺寸为 680mm×350mm×450mm（长×宽×高）。模型箱的顶部横梁上固定着制热干燥装置，制热干燥装置通过 220V 交流电经过变压器转换成 12V 的直流电，驱动加热装置产生热辐射来实现边坡土体温度的升高，使土体产生干燥作用，从而实现模拟渠道的干湿循环过程。试验时模型箱内布设传感器，模型箱整体需固定在离心机的吊篮内，如图 5.4 所示。

图 5.4　离心试验模型箱

4）量测设备

输水渠道在运行过程中需要对其孔压及位移进行量测，因此，试验中需要在渠坡中埋设孔压传感器，并在坡面安放位移传感器。孔压传感器采用 BWMK 型半导体应变感应膜微型孔隙水压力传感器，如图 5.5（b）所示。传感器尺寸为 ϕ13mm×12.5mm，其中透水陶土板直径为 11mm，量程为 300kPa，精度为±0.3%FSBSL，分辨率为 0.5kPa。该类孔压传感器体积小，量程适宜，精度较高，而且能够在超重力场下连续工作，非常适合用来量测此次离心模型试验中的孔隙水压力。对于位移的量测，传统方法是使用 LVDT 传感器，该类传感器外形结构为 304 不锈钢材料的圆柱体，圆柱体前端是回弹式探针，后端为线缆，属于接触式传感器。由于此次进行的试验为干湿循环，坡面土体存在被水泡软的情况，在高速旋转的超重力场环境中，回弹式探针可能会因土体软化而过分深入土体中，不仅对土体造成不必要的扰动，而且还会造成位移量测不准确，所以应采用新型的非接触式位移传感器来进行位移量测。

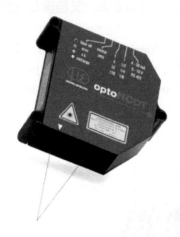

(a) 激光位移传感器　　　　　　　　　　(b) 微型孔压传感器

图 5.5　离心模型试验传感器

激光位移传感器属于非接触式传感器，相比一般的线性差动变压器式位移传感器（LVDT），精度更高，抗光电干扰能力更强，并且是非接触式，便于传感器的布置，不对土体产生扰动。本节中采用德国生产的 Wenglor 激光位移传感器，如图 5.5（a）所示。仪器的测量距离为 50～100mm，分辨率小于 0.02mm，基本能够满足试验的精度要求。

5）离心机

试验采用南京水利科学研究院 60gt 中型土工离心机，如图 5.6 所示。该机有效半径 2.24m，最大加速度 200g，有效载重为 300kg，挂篮空间为 0.9m×0.8m×0.8m。离心机中配备有 40 路信号滑环、20 路功率滑环和 8 路视频滑环。数据采集系统配备有 60 个测量通桥、0～±2V 电压信号及铂电阻温度信号测量，另外 20 通道，可完成 0～±10V 电压信号的测量，采集器通过 SNET 网络与计算机内采集卡实现数据通信，可在试验过程中对模型的变形、土压力、孔压等物理量进行实时测量。挂篮侧面搭载了摄像系统，可以完成对离心机室、模型箱等部位的监视及全称录像，采用 EVERFOCUS 软件，利用固定高清摄像头进行录像，可以对边坡及网格线的变形情况进行即时的观察和分析，如图 5.7 所示。

图 5.6　南京水利科学研究院 60gt 土工离心机

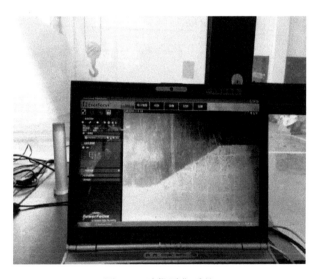

图 5.7　录像采集系统

本次离心模型试验所采用的传感器主要包括激光位移传感器和微型孔压传感器，激光位移传感器用于精确量测土体的位移，孔压传感器用于量测不同深度位置处土体的孔压响应。

2. 相似比尺

水在土体孔隙中的流动遵循达西定律：

$$v = ki \tag{5-1}$$

式中，v 为渗流速度；$i = (h_1 - h_1)/L$ 为水力梯度；k 为渗透系数，也可写为

$$k = K \frac{\rho_w g}{\mu} \tag{5-2}$$

式中，K 为渗透率，是一项只与土颗粒形状、大小及其排列方式有关的固有属性；ρ_w 为水的密度；g 为重力加速度；μ 为水的黏滞系数。则模型与原型的渗流速率之比可写为

$$\frac{v_m}{v_p} = \frac{K_m \dfrac{\rho_w g_m}{\mu_m} i_m}{K_p \dfrac{\rho_w g_p}{\mu_p} i_p} \tag{5-3}$$

下角标 m 代表模型，下角标 p 代表原型（下同），对比 v_m 与 v_p 可知，K 为土体的固有属性，当模型与原型使用的是同一种土样时，K 值保持不变，

$$K_m = K_p \tag{5-4}$$

μ 为水的黏滞系数，也属于固有属性：

$$\mu_m = \mu_p \tag{5-5}$$

设模型与原型尺寸之比为 $1 : N$，则

$$i_m = \frac{(h_1 - h_1)/N}{L/N} = \frac{(h_1 - h_1)}{L} = i_p \tag{5-6}$$

$$g_m = N g_p \tag{5-7}$$

将式（5-4）～式（5-7）全部代入式（5-3）中，可得

$$\frac{v_m}{v_p} = \frac{g_m}{g_p} = N \tag{5-8}$$

即模型与原型的渗流速率之比为 $N : 1$，又有

$$t = \frac{dh}{dv} \tag{5-9}$$

式中，h 为入渗深度；t 为渗流时间；v 为渗流速度。则模型与原型的渗流时间之比为

$$\frac{t_m}{t_p} = \frac{dh_m}{dh_p} \times \frac{dv_p}{dv_m} \tag{5-10}$$

根据模型与原型的尺寸关系之比为 $1 : N$，可得

$$\frac{dh_m}{dh_p} = \frac{1}{N} \tag{5-11}$$

根据式（5-8），则有

$$\frac{\mathrm{d}v_\mathrm{m}}{\mathrm{d}v_\mathrm{p}} = N \tag{5-12}$$

将式（5-11）、式（5-12）一并代入式（5-10）中，可得

$$\frac{t_\mathrm{m}}{t_\mathrm{p}} = \frac{1}{N^2} \tag{5-13}$$

即模型与原型的渗流时间之比为 $1:N^2$，离心模型试验中模型与原型其他各物理量的相似关系如表 5.1 所示。

表 5.1　离心模型试验相似率（模型/原型）

物理量	相似率	物理量	相似率
加速度	N	渗流速率	$1/N$
长度	$1/N$	渗流时间	$1/N^2$
质量	$1/N^3$	含水率	1
应力	1	位移	1
应变	1	密度	1
弯矩	$1/N^3$	颗粒尺寸	1

5.1.2　模型试验方案与测点布置

现场渠基土为膨胀土与白砂岩交错混杂的土体，试验时为更好地模拟膨胀土渠道边坡在干湿循环下的劣化灾变机理及过程，模型制作时将渠基土视为均质土体，采用单一膨胀土作为渠基土。

试验选用的模型箱前端为透明有机玻璃，侧面开孔便于水分流入和流出，模型箱具体尺寸为 0.68m×0.35m×0.425m（长×宽×高），根据此尺寸结合现场渠道实际情况，选择本次试验的模型比尺为 $N=50$。为了节省模型空间，并考虑渠道剖面对称性，本试验以渠道中轴线为界，只模拟渠道剖面的一半，模型渠道的断面如图 5.8 所示。这样渠道模型的尺寸为：渠高 100mm，渠底宽度 130mm，渠坡坡比 1:2，渠肩宽度 270mm，渠底土层厚度为 200mm。位移传感器架设于坡顶边缘处，距离坡顶约 10cm，用于监测坡顶产生的位移沉降或滑移。渠道水位采取与工程渠道现场一致的 4m 水深，按模型比尺换算后为 80mm 水深。加热干燥装置通过钢制横梁固定于模型箱顶部，距离坡面土体较远，距离约为 12cm，此举是为了避免在干燥完成后进行的通水环节中，水位上升接触加热干燥装置，从而导致炸裂或短路现象发生，引发安全隐患。为防止试验过程中孔压传感器沿 Z 方

向铺设过密造成加筋作用，影响土体正常受力，必须将其尽量靠边埋设，将加筋作用减少到最低，埋设好的孔压传感器如图 5.8 所示。

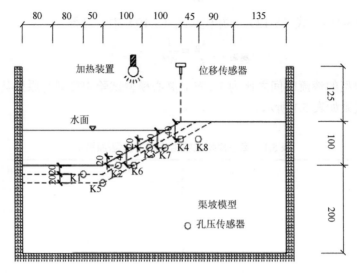

图 5.8　模型渠道断面示意图

本研究共设置了四组离心模型试验，主要针对青色和黄色两种膨胀土，每种膨胀土控制渠基土干密度分别为 1.5g/cm³ 和 1.6g/cm³，初始含水率均为 18.8%，压实度为 90%～100% 不等，离心模型试验的具体方案如表 5.2 所示。

表 5.2　试验模型具体信息

模型编号	试验材料	干密度/(g/cm³)	初始含水率/%	压实度/%
M1	青色膨胀土	1.5	18.8	90
M2	青色膨胀土	1.6	18.8	95
M3	黄色膨胀土	1.5	18.8	95
M4	黄色膨胀土	1.6	18.8	100

模型渠道制备方法如下：首先将两种烘干后的膨胀土分别碾碎并过 5mm 筛，加水配至指定含水率，用塑料土工膜包好，焖制 48h 后备用。制样时按表 5.2 的干密度控制分别称取备好的土样，在模型箱中采用击实法制备土样（图 5.9），共分六层击实，层与层之间做刮毛处理便于层间连接良好，最后按图 5.8 所示尺寸开挖出模型渠道剖面。

本试验过程中主要关注渠道的变形和渠水的入渗与干燥过程。对于渠道的入渗过程，采用孔压计来进行测量。所选用的孔压计为半导体应变感应膜微型孔压传感

(a) 土样碾碎过筛　　　　　　　　　　(b) 击实法分层制样

图 5.9　渠道模型制备

器，尺寸为 $\phi 13\text{mm} \times 12.5\text{mm}$，共分为两层布置，第一层离渠坡土体表层 20mm，第二层离渠坡土体表层 40mm。渠道顶部的变形采用位移传感器进行测量，选用的设备为德国 Wenglor 公司生产的激光位移传感器。各传感器的布置如图 5.9 所示。

　　为便于测量渠道边坡的变形情况，在模型侧面划分了变形标志网格节点，用于记录试验前各标志点坐标的变化，并据此可以绘出整个边坡的位移场变化图。为减小模型侧面与侧壁之间的摩擦，先在模型侧面蒙一层保鲜膜，随后在保鲜膜和侧壁之间涂一层凡士林。完成模型制作后，记录好各个网格节点坐标，准备模型试验。制备好的模型如图 5.10 所示。

 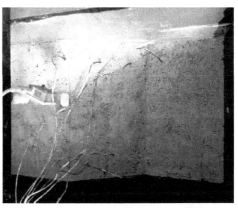

(a) 模型侧视图　　　　　　　　　　　(b) 模型俯视图

图 5.10　制样完成后的模型

5.1.3　试验工况及过程模拟

本次试验主要模拟渠道反复通水-停水过程，以此研究干湿循环对膨胀土渠坡稳定性的影响。具体试验过程如下：

（1）通水阶段：在 1g 条件下将水位升至预定水位线处（模型水深 80mm），然后将离心机加速度从 1g 升至 50g。现场每年通水期持续约 130d，按上节推导的渗流相似关系推算出模型此阶段运行时间为 80min。

（2）停水阶段：停机将水排出模型箱外，然后将离心机加速度从 1g 升至 50g，并在模型箱顶部采用光照加热渠坡土体，配合离心机产生的强迫对流来对渠坡进行干燥。光照温度通过距离来控制，据实测，当光源距离土体 12cm 时，土体表面温度可稳定在 40℃左右，停水阶段试验过程将始终保持在这个温度用于干燥土体。渠道停水期每年约 216d，按模型相似率此阶段运行时间为 124min，试验结束后停机。

（3）重复步骤（1）和步骤（2），直至渠道边坡产生破坏为止。

5.1.4　干湿循环对膨胀土渠道坡稳定性的影响分析

1. 渠基土裂隙发育及破坏模式

图 5.11 为四组模型第一次湿化作用后的状态，以下所有图片中的模型拍摄时的位置从上到下依次为：坡顶、坡面和坡底（下同）。通过观察发现，M1 和 M2 在水位线以下的坡前坦地和靠近坡趾的坡面表层出现了泡软褶皱，但表面基本平整；而 M3 和 M4 表面已经产生了少量的崩解和剥落现象，但剥落面积不大，且深度较浅，仅限于表面。

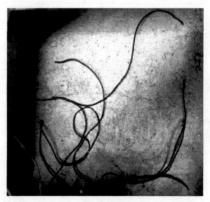

　　　　(a) 模型M1　　　　　　　　　　　　　(b) 模型M2

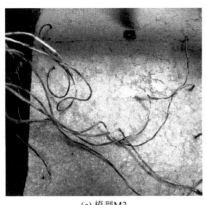

(c) 模型M3　　　　　　　　　　　　　　(d) 模型M4

图 5.11　第一次湿化后的模型

　　图 5.12 为四组模型第一次干燥后的形态，此时干燥产生的裂缝开始出现，在膨胀性较弱的 M1 和 M2 中裂隙产生仅有寥寥数条，且深度和宽度都较小，不是很明显；而膨胀性较强的 M3 和 M4 中裂隙发育较为明显，M4 中甚至能够观察到明显的大裂隙和十分破碎的土体。

　　图 5.13 为四组模型第二次湿化作用后的状态，其中 M1 和 M2 在第一次干燥后产生的少许裂缝已经完全愈合，边坡表面和坡前坦地依然存在泡软褶皱，表面平整度较好，仅部分产生微小崩解；而 M3 和 M4 中，水位线以下的裂缝基本完全愈合，

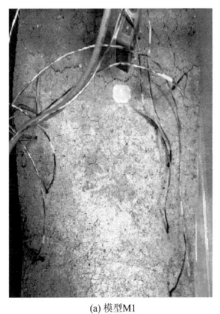

(a) 模型M1　　　　　　　　　　　　　　(b) 模型M2

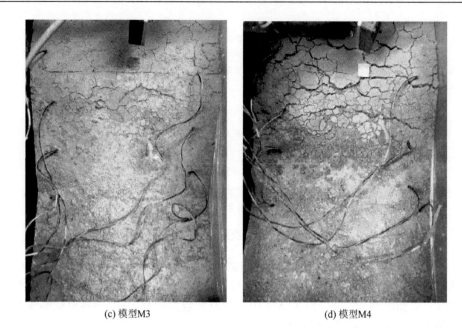

(c) 模型M3　　　　　　　　　(d) 模型M4

图 5.12　第一次干燥后的模型

但水位线以上的裂缝仍然存在，表面崩解和剥落较为明显，已经很难见到平整的坡体表面，崩解剥落产生的小土块颗粒不断下滑，堆积于坡面下部及坡脚处。

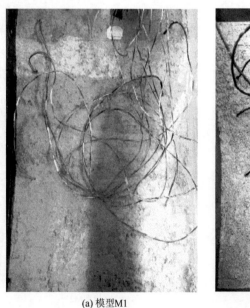

(a) 模型M1　　　　　　　　　(b) 模型M2

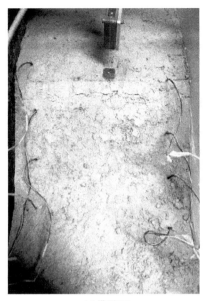

(c) 模型M3　　　　　　　　　　　　　(d) 模型M4

图 5.13　第二次湿化后的模型

　　图 5.14 为四组模型第二次干燥后的形态，此时 M1 顶部出现较明显裂缝，坡面裂隙较为细小；M2 中裂隙依然不是很明显；M3 坡中沿水位线上方出现了一条明显的贯通性大裂缝，坡中下部同时伴随有较明显的网状裂隙产生；M4 坡中水位线上方也有明显大裂缝产生，其附近网状裂隙比 M3 更深，条数更多，土体也更为破碎。

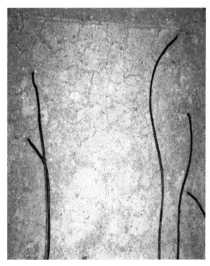

(a) 模型M1　　　　　　　　　　　　　(b) 模型M2

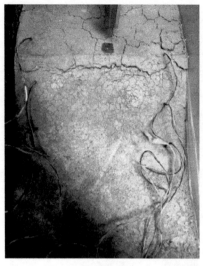
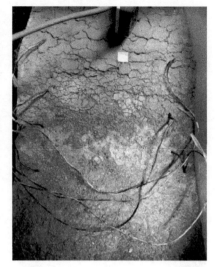

(c) 模型M3　　　　　　　　　　(d) 模型M4

图 5.14　第二次干燥后的模型

图 5.15 为四组模型第三次湿化作用后的状态，其中 M1 水位线上部出现未愈合裂缝，下部裂缝完全愈合，右侧坡脚出现明显的崩解剥落土块堆积；M2 湿化后裂隙愈合，但坡面不再平整，明显产生一定的表面剥落；M3 和 M4 中，水位线以下的裂缝基本完全愈合，但水位线以上的裂缝进一步发育，相比第二次湿化后的宽度更大，长度更长，表面出现大面积崩解和剥落，坡面不再完整，崩解剥落产生的小土块堆积于坡面下部及坡脚处。

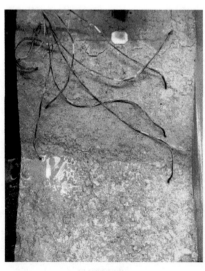
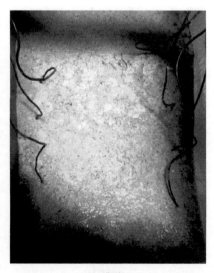

(a) 模型M1　　　　　　　　　　(b) 模型M2

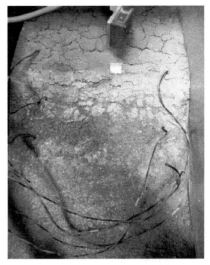

(c) 模型M3　　　　　　　　　　　(d) 模型M4

图 5.15　第三次湿化后的模型

图 5.16 为四组模型第三次干燥后的形态，此时 M1 顶部出现明显张拉裂缝，坡面存在大块土体剥落；M2 坡面上部裂缝明显，但中下部依然无裂缝产生；M3 坡中沿水位线方向的贯通性大裂缝逐渐发育，生成了许多细小的分支裂隙，将土体进一步破碎化，坡中下部网状裂隙也逐渐发育、剥落；M4 整个坡面布满网状裂隙，其土体破碎程度比 M3 更高。

(a) 模型M1　　　　　　　　　　　(b) 模型M2

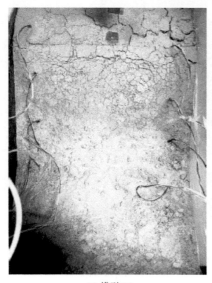
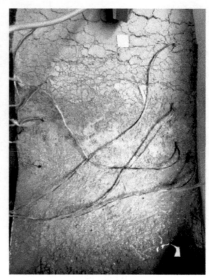

(c) 模型M3　　　　　　　　　　　　(d) 模型M4

图 5.16　第三次干燥后的模型

　　图 5.17 为四组模型第四次湿化作用后的状态，其中 M1 顶部裂缝已贯通整个边坡左右，宽度巨大，清晰可见，坡面上部有两处因剥蚀而产生的孔洞；M2 坡面左上角和中部因崩解剥蚀产生的小坑十分明显，剥落的土块堆积于坡面中下部，有进一步向坡脚滑落的趋势；M3 之前在水位线附近产生的破碎土体在水的冲蚀作用下几乎全部剥落，形成了一个与水位线平行的深坑，大量崩落土块散落坡底；

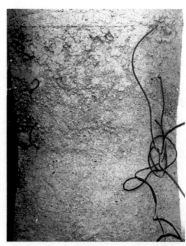

(a) 模型M1　　　　　　　　　　　　(b) 模型M2

(c) 模型 M3   (d) 模型 M4

图 5.17 第四次湿化后的模型

M4 坡面水位线产生的裂缝逐渐发育延伸,形成一条极宽的张拉裂缝,表面土体大面积崩解和剥落,与 M3 中一样堆积于坡脚。此时边坡已经初步呈现破坏的迹象,为了继续获得更明显的破坏形式,我们仅结束了 M3 和 M4 模型的试验并拆模,而对于 M1 和 M2 则继续进行试验。

图 5.18 为两组模型第四次干燥后的形态,此时 M1 顶部张拉裂缝依然明显,坡面水位线附近土体已出现较明显网状裂隙,说明坡面土体已经发生严重崩解,

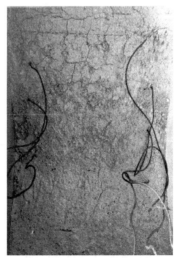

(a) 模型 M1   (b) 模型 M2

图 5.18 第四次干燥后的模型

即将剥落；M2 坡面裂缝依然是上部较明显，而中下部裂缝较为稀疏，坡面水位线附近土体由于崩解剥落产生了较大土坑。

图 5.19 为两组模型第五次湿化作用后的状态，其中 M1 顶部裂缝不仅贯通整个边坡左右，而且还在竖直方向产生了明显沉降位移，坡面上部因剥蚀而产生的孔洞也有两处扩大连通为坡面水位线附近的一整片；M2 中水位线附近坡面剥蚀产生的小洞逐渐增多，并相互连通，几乎贯穿整个水位线附近的所有土体，崩解小土块进一步散落分布于坡面下部和坡底。此时边坡 M1 变形破坏严重，终止此组试验并拆模，对于 M2 则继续进行干湿循环。

(a) 模型M1   (b) 模型M2

图 5.19　第五次湿化后的模型

图 5.20 为模型 M2 第五次干燥后和第六次湿化后的状态，其中干燥状态的 M2 顶部裂缝十分明显，几乎贯通整个边坡，坡面上部因剥蚀而产生的大孔洞清晰可见；湿化后 M2 中水位线附近坡面剥蚀产生的小洞相互连通，几乎连通整个水位线附近的所有土体，形成了一整条贯通性的剥落带，崩解小土块明显增多，进一步散落分布于坡面下部和坡底。此时终止此组试验并拆模。至此，所有试验完成，青色膨胀土模型 M1 经历四次半干湿循环，青色膨胀土模型 M2 经历五次半干湿循环，黄色膨胀土 M3 和 M4 均经历三次半干湿循环，所有边坡均产生了不同程度的破坏。

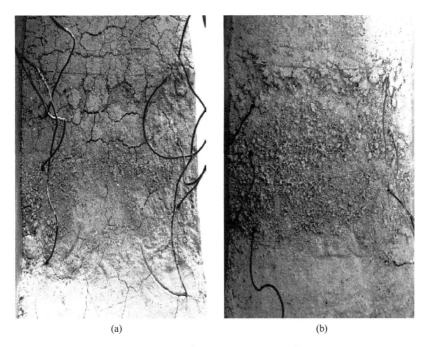

(a)　　　　　　　　　　　　　　　　(b)

图 5.20　第五次干燥和第六次湿化后的模型 M2

图 5.21 为模型 M1 的最终破坏效果图，坡顶张拉裂隙（对应原型马道的部位）贯穿整个模型，裂隙发展最严重的部位位于模型左上角，其水平方向最宽处可达 3~4mm（对应原型为 15~20cm），竖直方向错位达 5mm（对应原型为 25cm），坡面崩解剥落始于水位线附近的土体，且剥落土块堆积于坡体下部和底部。

(a) 原始边坡

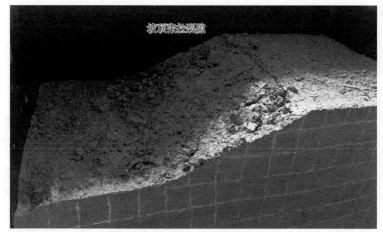

(b) 破坏后的边坡

(c) 坡顶裂隙宽度竖直方向

(d) 坡顶裂隙宽度水平方向

图 5.21 模型 M1 破坏效果图

图 5.22 为模型 M2 的最终破坏效果图，整个边坡虽然没有明显的张拉裂隙产生，但整个坡面剥蚀严重，几乎已经无法见到原始边坡坡面，沿水位线附近形成

(a) 原始边坡

(b) 破坏后的边坡

图 5.22　模型 M2 破坏效果图

一道较浅的剥蚀沟，滑坡体沿着剥蚀沟向下滑动，且带动剥落土块堆积于坡体下部和底部，坡顶出现较大位移沉降，坡脚处隆起变形较为显著。

图 5.23 为模型 M3 的最终破坏效果图，整个边坡坡面剥蚀严重，尤其是沿水位线附近，先期产生的横向裂缝已经发育成一道明显的剥蚀沟，深度在 6~8mm（对应原型 30~40cm），且剥落滑塌的土块堆积于坡体中下部和底部，坡顶未出现较大位移沉降。

图 5.24 为模型 M4 的最终破坏效果图。对于青色膨胀土，干密度 1.5g/cm³ 的 M1 经历四次半干湿循环后发生了破坏，其坡顶产生明显张拉裂隙，坡面崩解严重，而干密度 1.6g/cm³ 的 M2 经历了四次半干湿循环后才发生破坏，坡顶位移沉降明显，坡面显著崩解；对于黄色膨胀土，干密度 1.5g/cm³ 的 M3 经历三次半干湿循环后发生了破坏，坡面产生显著剥蚀滑动带，并伴随显著的崩解剥落，而干密度 1.6g/cm³ 的 M4 经历了三次半干湿循环后也发生破坏，但破坏程度不及 M3明显，仅有坡面延伸至坡顶的显著张拉裂隙，需沿裂隙将潜在滑动面挖出方可呈现明显滑弧带。

以上现象说明，对于同一种土样，干密度越高，边坡越不容易破坏，这是由于干密度高的土体密实度也高，对应的土体抗剪强度也大，所以边坡也难滑塌破坏；对于同一干密度的土样，膨胀性越高则边坡越容易破坏，这是由于膨胀性越大，土体在干湿循环下产生的裂隙也越明显，土体越容易在裂隙的作用下崩解成细小的土块从而丧失强度，在渠水的冲蚀下也越容易剥落滑塌。

对比不同循环次数下的同一模型，可以看出随着循环次数的增加，渠坡表面的裂隙不断发育，裂隙条数逐渐增加，分布渐渐变密，土体崩解逐步加强，且裂隙主要集中在坡体上部，下部裂缝不明显。其原因有两点：首先，越靠近坡顶蒸

(a) 原始边坡

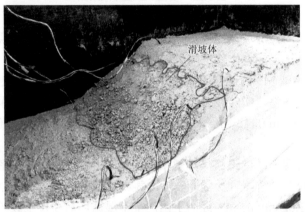

(b) 破坏后的边坡

(c) 滑坡深度　　　　　　　　　　　(d) 滑坡深度

图 5.23　模型 M3 破坏效果图

(a) 原始边坡　　　　　　　　　　　(b) 破坏后的边坡

(c) 沿滑动面开挖后的边坡　　　　　(d) 沿滑动面开挖后的边坡

图 5.24　模型 M4 破坏效果图

发作用越明显，干湿循环幅度越大，所以裂缝发育越明显。越靠近底部蒸发作用越不明显，干湿循环幅度越小，所以裂缝发育不明显。其次是因为在边坡水位骤降的情况下，坡面与坡底存在水头差，导致水分不断从坡面流向坡底，坡面水头差大，失水快，裂缝发育明显，坡底水头差小，失水少，裂缝发育不明显。

　　对比分析同一模型在不同循环次数时的形态，不难看出，边坡破坏最初始于坡面水位线附近，这是由于水位线上部土体未与渠水直接接触，一直处于干燥的状态，而水位线以下的土体经历反复的干湿循环，与上部土体产生的含水率梯度差最大［图 5.25（a）］，考虑含水率梯度差越大，土体产生的拉应力也越大，所以交界面处的土体最先被拉裂［图 5.25（b）］；又由于反复的干湿循环作用，先前产生的裂隙不断闭合再打开，所以此处裂隙发育最为明显，附近土体很快崩解成为小土块并失去强度，被水流侵蚀剥落，堆积于坡脚处［图 5.25（c）］。随着干湿循环的进行，裂隙逐渐发育并贯通整个坡面，水流的侵蚀将剥落产生的许多小土坑逐渐连接为一条崩解剥落带，由内而外逐渐掏空水位线附近的土体，坡面下部及坡脚处堆积的小土块逐渐增多［图 5.25（d）］。同时在水分浸泡的作用下，渠坡表面土体强度减弱，承载力降低，导致坡面裂缝进一步增强，坡脚处出现隆起，渠坡整体发生浅层失稳破坏。

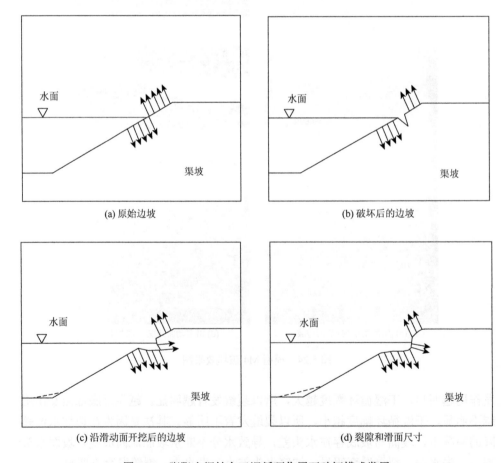

(a) 原始边坡　　　　　　　　　　　　　　　　　(b) 破坏后的边坡

(c) 沿滑动面开挖后的边坡　　　　　　　　　　　(d) 裂隙和滑面尺寸

图 5.25　膨胀土渠坡在干湿循环作用下破坏模式发展

这一破坏模式与前人研究发现的牵引式滑坡具有较大不同之处，即膨胀土渠道边坡在干湿循环下的破坏模式并非始于坡底、随后层层向上牵引滑塌的浅表层破坏，而是水位线附近土体崩解剥落和坡脚处隆起而引起的浅层失稳破坏。

2. 干湿循环对渠基土变形的影响

图 5.26 为模型 M1 每次干湿循环完毕后的侧视图，从图中可以看出，每次干湿循环过后土体上部几乎无变化，但中下部土体有逐渐隆起并向下滑动的趋势，最终破坏时坡脚部分土体有明显隆起位移。

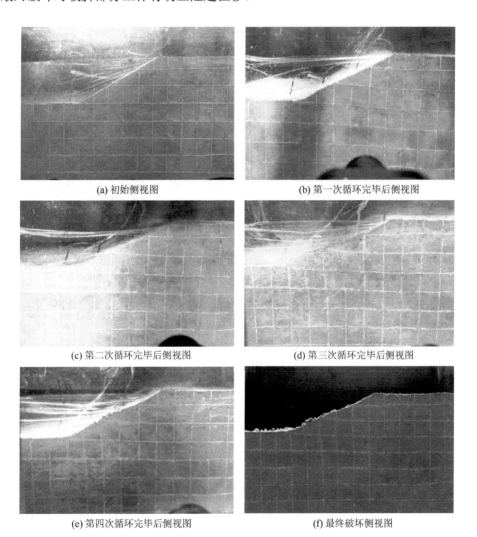

(a) 初始侧视图　　　　　　　　　　　(b) 第一次循环完毕后侧视图

(c) 第二次循环完毕后侧视图　　　　　　(d) 第三次循环完毕后侧视图

(e) 第四次循环完毕后侧视图　　　　　　(f) 最终破坏侧视图

图 5.26　模型 M1 每次干湿循环完毕后的侧视图

图 5.27 为模型 M2 每次干湿循环完毕后的侧视图，其中第三次循环后照片由于相机故障缺失。从图中可以看出，每次干湿循环过后，坡顶均会产生竖向沉降，坡底逐渐隆起，坡脚前移，侧面节点标志变形明显。

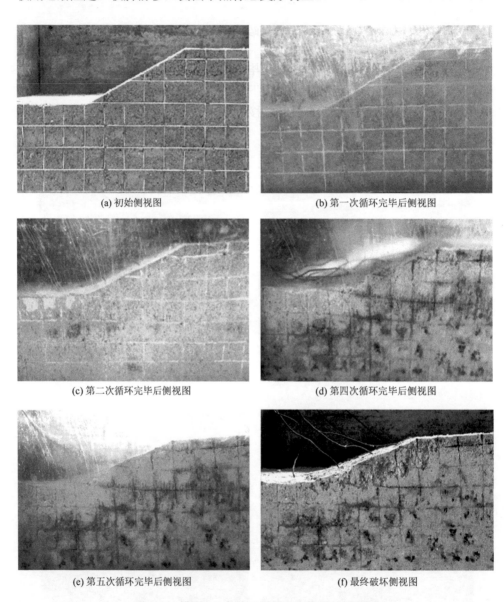

(a) 初始侧视图　　　　　　　　　　　　　　　　(b) 第一次循环完毕后侧视图

(c) 第二次循环完毕后侧视图　　　　　　　　　　(d) 第四次循环完毕后侧视图

(e) 第五次循环完毕后侧视图　　　　　　　　　　(f) 最终破坏侧视图

图 5.27　模型 M2 每次干湿循环完毕后的侧视图

图 5.28 为模型 M3 每次干湿循环完毕后的侧视图。从图中可以看出，M3 仅坡底有少许隆起，坡脚略微前移，坡顶无明显沉降，侧面节点标志变形不明显。

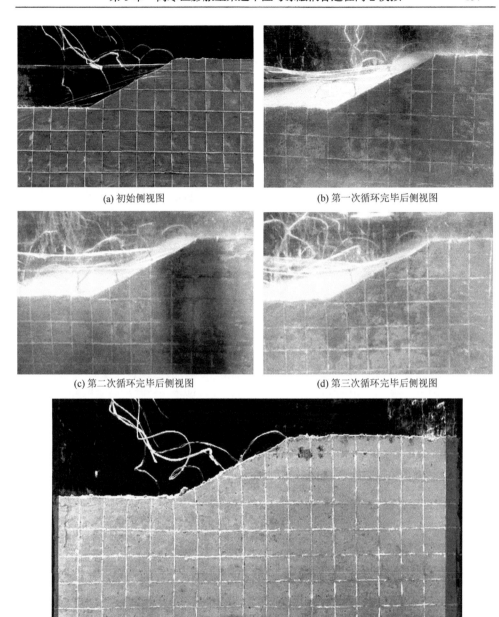

(a) 初始侧视图　　　　　　　　　　　　(b) 第一次循环完毕后侧视图

(c) 第二次循环完毕后侧视图　　　　　　(d) 第三次循环完毕后侧视图

(e) 最终破坏侧视图

图 5.28　模型 M3 每次干湿循环完毕后的侧视图

　　图 5.29 为模型 M4 每次干湿循环完毕后的侧视图。从图中可以看出，M4 坡底隆起明显，坡脚显著前移，坡顶无明显沉降，仅边坡受水面表层位移比较明显，内部土体的节点标志变形不明显。

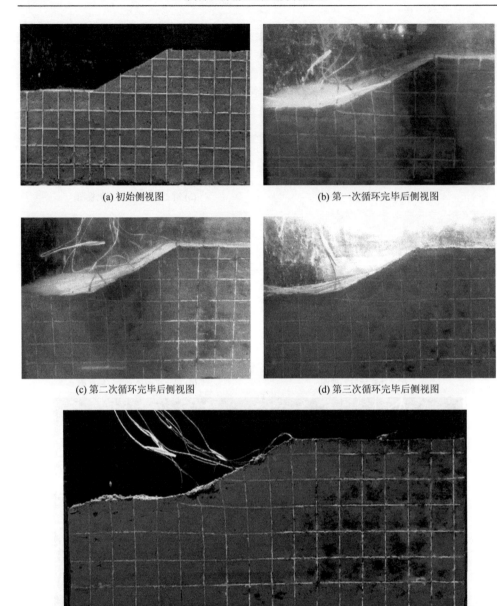

(a) 初始侧视图

(b) 第一次循环完毕后侧视图

(c) 第二次循环完毕后侧视图

(d) 第三次循环完毕后侧视图

(e) 最终破坏侧视图

图 5.29　模型 M4 每次干湿循环完毕后的侧视图

　　通过对拆模后四组边坡模型侧面的网格节点进行量测和读取，得到模型网格节点的位移矢量图，如图 5.30 所示。图中虚线为边坡初始位置，实线为最终破坏时边坡位置。

从图 5.30 中不难看出，对于膨胀性较低的青色土模型 M1，越靠近坡顶的位置，沉降越大，靠近边坡表面的土体水平位移分量较大，而远离边坡表面的土体则主要以竖向沉降为主，其中最大值发生在最左侧坡顶，达到 14.7mm。边坡主要以浅表层滑动为主，深层土体几乎没有侧向位移，坡脚处由于土体的侧向滑动而出现了少许隆起。M2 位移矢量与 M1 类似，也是坡顶处沉降位移最大，而坡面处水平位移最大，深层土体基本为竖向沉降，最大位移也发生在最左侧坡顶，为 20mm，边坡依然以浅表层滑动为主，坡脚处也出现较明显隆起。值得注意的是，M2 比 M1 多经历一次干湿循环，多累积了一次位移，所以总体来看 M2 位移比 M1 要大。

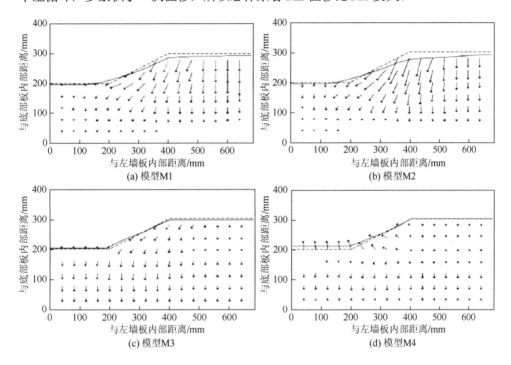

(a) 模型M1 (b) 模型M2 (c) 模型M3 (d) 模型M4

图 5.30 模型破坏时的位移矢量图

对于膨胀性较大的黄色土模型 M3，坡顶沉降并不明显，坡底均出现了少许隆起。渠道坡面以竖向沉降为主，仅靠近边坡表面土体出现水平位移分量。坡体最大位移出现在边坡中部，其值为 7.2mm，方向沿斜坡向下。M4 坡顶几乎无沉降，甚至还有略微隆起的趋势，坡脚和坡底处隆起明显，边坡表面出现水平位移分量，最大位移出现在坡脚处，其数值为 10.7mm。实际上整个 M4 边坡靠近表面的土体均有不同程度的隆起，这是因为 M4 中渠基土属于强膨胀性土，且干密度较高，在受水之后产生较为显著的膨胀变形，能够抵消部分土体的竖向沉降，且最终含水率越高，土体膨胀越厉害，所以坡底隆起最为显著，其次是坡面，最后是坡顶，但深层土体未受水分影响，位移依然以竖向沉降为主。

总体来说，膨胀土渠道边坡在干湿循环条件下的位移同时受到干密度、土体膨胀性以及干湿循环次数的共同影响。当其他条件相同时，干密度越大，土体变形越小；这是因为干密度越大，土体密实度越高，相应的抗剪强度也越大，土体抵抗变形的能力就越强。当其他条件一定时，土体膨胀性越高，所产生的膨胀力也越大，相应的边坡竖直向上的膨胀位移分量也越大，膨胀位移也越大，有些甚至能完全抵消土体自身所产生的沉降。而随着干湿循环的进行，坡面土体被崩解剥蚀，强度软化，造成坡面每次循环后会同时累积竖向和水平向外的位移分量。三种因素共同作用，相互耦合，影响着渠道边坡的变形。

3. 渠基土孔压变化情况

模型 M1 通水各阶段孔隙水压力的变化如图 5.31 所示。可以发现，对于青色膨胀土模型 M1，第一次循环后仅有最浅层的 K1、K2、K3 检测到了孔隙水压读

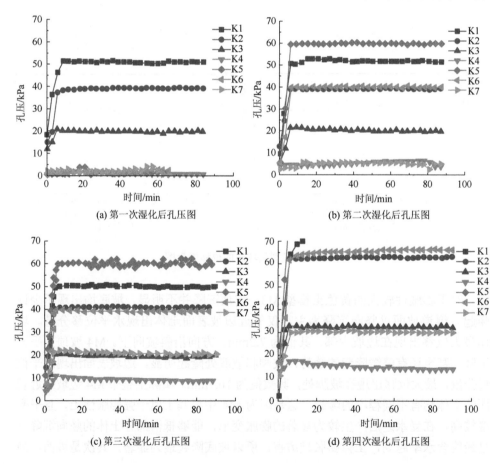

(a) 第一次湿化后孔压图

(b) 第二次湿化后孔压图

(c) 第三次湿化后孔压图

(d) 第四次湿化后孔压图

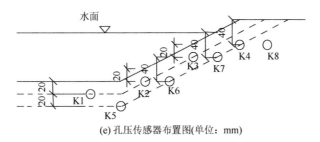

(e) 孔压传感器布置图(单位：mm)

图 5.31　模型 M1 每次湿化后的孔压图

数，其值与对应位置的静水压力相符，说明此时水分入渗较浅，仅在坡底及坡中表层下部 20mm 左右；第二次湿化开始后，M1 中除了 K4 和 K7 外均检测到孔压读数，说明经过第一次干湿循环之后，边坡裂缝已有所发育，导致第二次湿化时水分进一步渗入到达坡底和坡中土体下部 40mm 处；最终湿化后所有孔压计均出现读数，且读数和各自位置对应的静水压力相等，这说明在边坡裂隙进一步发育的情况下，水分充分入渗到土体内部，边坡浅层部位已经完全饱和。

　　模型 M2 通水各阶段孔隙水压力的变化如图 5.32 所示。第一次循环后 M2 仅有最浅层的 K1、K3 检测到了孔隙水压读数，其值与对应位置的静水压力相符，与 M1 不同的是 K2 此时无读数，说明此时水分入渗比 M1 更浅；第三次及后续的湿化过程中所有孔压计均出现读数，且读数和各自位置对应的静水压力相等，这说明在边坡裂隙进一步发育的情况下，水分充分入渗到土体内部，边坡浅层部位已经完全饱和。

　　模型 M3 通水各阶段孔隙水压力的变化如图 5.33 所示。第一次循环后 M3 中除了 K4、K7 和 K8，其他孔压计均检测到了孔隙水压读数，其值与对应位置的静水压力相符，对比 M1 和 M2，第一次湿化后具有读数响应的孔压计数量更多，说明此时水分入渗比 M1 和 M2 更深；第二次湿化开始后，M3 中除了 K4 和 K8 外

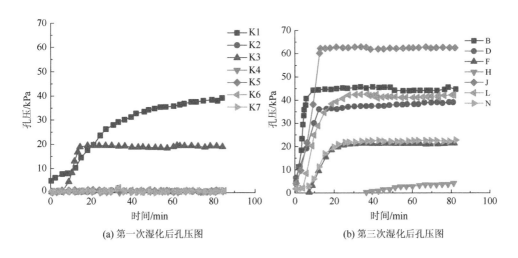

(a) 第一次湿化后孔压图　　　　　　　　　　(b) 第三次湿化后孔压图

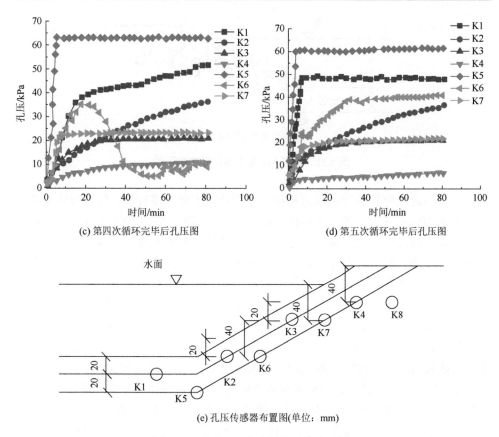

(c) 第四次循环完毕后孔压图

(d) 第五次循环完毕后孔压图

(e) 孔压传感器布置图(单位：mm)

图 5.32　模型 M2 每次湿化后的孔压图

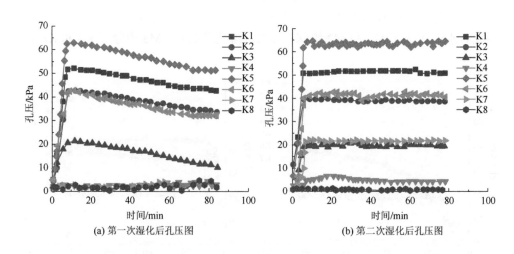

(a) 第一次湿化后孔压图

(b) 第二次湿化后孔压图

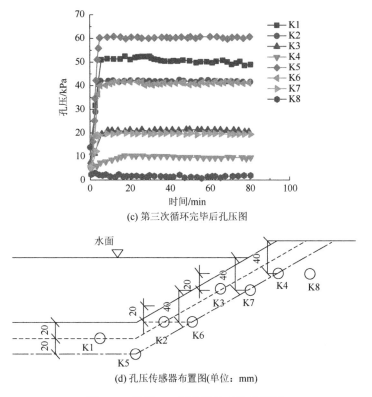

(c) 第三次循环完毕后孔压图

(d) 孔压传感器布置图(单位：mm)

图 5.33　模型 M3 每次湿化后的孔压图

均检测到孔压读数，说明经过第一次干湿循环之后，边坡裂缝已发育明显，导致第二次湿化时水分进一步渗入到达坡底和坡中土体下部更深处；后续的湿化过程中除了 K8 所有孔压计均出现读数，且读数和各自位置对应的静水压力相等，这说明在边坡裂隙进一步发育的情况下，水分充分入渗到土体内部，边坡浅层部位已经完全饱和，这一点与 M1 和 M2 类似。

　　与此同时，我们注意到对于模型 M3 的第一次湿化孔压图，孔压呈现不断下降的趋势，这是由于黄色土吸水性较强，且初始含水率较低，水分入渗较为迅速且入渗量较大，导致水位线发生了一定程度的下降。第二次湿化开始后，除 K4 和 K8 外所有孔压计均能检测到读数，说明经过第一次干湿循环之后，边坡裂缝已有所发育，水分继续入渗，但入渗速度明显变缓，孔压读数不再呈现下降趋势。模型 M4 通水各阶段孔隙水压力的变化如图 5.34 所示。第一次循环后 M4 中仅有 K1、K2、K3 和 K5 检测到了孔隙水压力读数，其值与对应位置的静水压力相符，对比 M1 和 M3，第一次湿化后具有读数响应的孔压计数量位于二者之间，说明此时水分入渗深度也介于 M1 和 M3 之间；第二次湿化开始后，M4 中除了 K4 和 K8 外均检测到孔压读数，说明经过第一次干湿循环之后，边坡裂缝已发育明显，

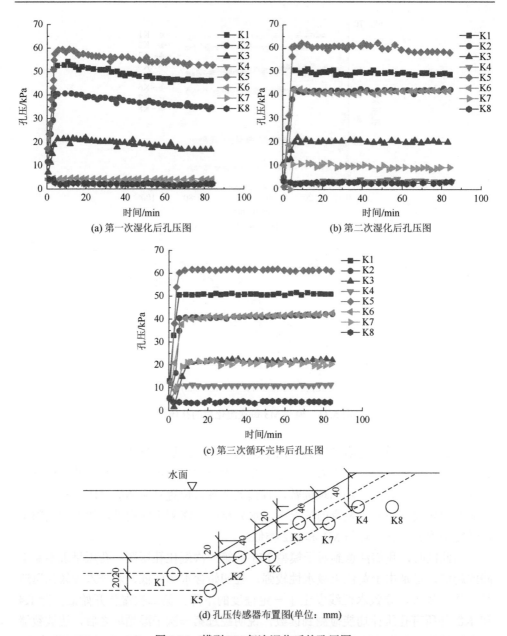

(a) 第一次湿化后孔压图

(b) 第二次湿化后孔压图

(c) 第三次循环完毕后孔压图

(d) 孔压传感器布置图(单位：mm)

图 5.34　模型 M4 每次湿化后的孔压图

导致第二次湿化时水分进一步渗入到达坡底和坡中土体下部更深处；后续的湿化过程中除了 K8 所有孔压计均出现读数，说明水分充分入渗到土体内部，边坡浅层部位已经完全饱和，这一点与前述几个模型类似。值得注意的是，M4 在第一次湿化时，孔压也呈现略微下降的趋势，但相比 M3，其下降速度明显减缓，其原因也是土体初始饱和度较低，导致入渗作用比较明显，渠道水位出现一定程度的下降，但因为土体干密度比 M3 更高，所以入渗作用也相对缓慢一些。后续循环作用下土体孔压基本稳定，说明经过第一次干湿循环之后，边坡裂缝已有所发育，水分继续入渗，但入渗速度明显变缓，孔压读数不再呈现下降趋势。

4. 饱和区变化

图 5.35 是试验得到的模型 M1 每次通水后的边坡内土体饱和度的变化，其饱和度是根据试验中孔压传感器稳定阶段时的平均值反算而得的（即通过测量值与相应位置的静水压力值比较来判断该区域是否达到饱和）。由于第三次干湿循环没有新的孔压计产生读数，所以第三次干湿循环后的饱和区无法计算，仅有第 1、2 和 4 次干湿循环后的饱和区计算结果，最终次结果是通过拆模取样量测含水率获得的。从图 5.35 可以看出，对于青色膨胀土模型 M1，首次通水时渗透区可到达坡面垂直下方 20mm 处；而第二次湿化后入渗深度继续加深，最深处可达 49mm；最后一次通水完毕后入渗深度达到了 70mm。

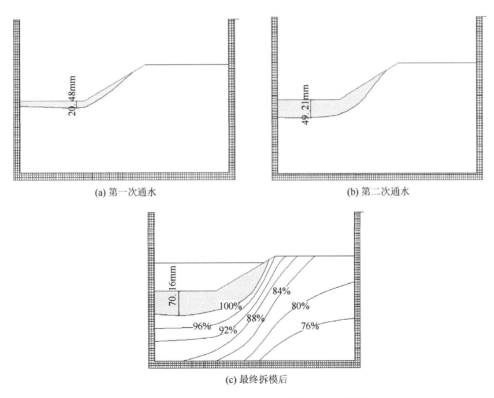

(a) 第一次通水　　　　　　　　　　(b) 第二次通水

(c) 最终拆模后

图 5.35　模型 M1 每次通水后的饱和区示意图

图 5.36 是试验得到的模型 M2 每次通水后的边坡内土体饱和度的变化，其饱和度依然是根据试验中孔压传感器稳定阶段时的平均值反算而得的。由于第三次干湿循环没有新的孔压计产生读数，所以第三次干湿循环后的饱和区无法计算，仅有第 1、2 和 5 次干湿循环后的饱和区计算结果，最终次结果是通过拆模取样量测含水率获得的。对于青色膨胀土模型 M2，从图 5.36 可以看出，首次通水时渗透区只能到达坡面垂直下方 13mm 处；而第二次湿化后入渗深度继续加深，最深处可达 36mm；最后一次通水完毕后入渗深度达到了 55mm。通过对比 M1 和 M2 可以发现，M2 每次干湿循环完毕后的饱和区深度均小于 M1，这是因为 M2 干密度比 M1 要大，而相同膨胀性的土体在干密度较高时，其土体越密实，水分越难往深处入渗，所以每次循环完毕后 M2 的饱和区均小于 M1。

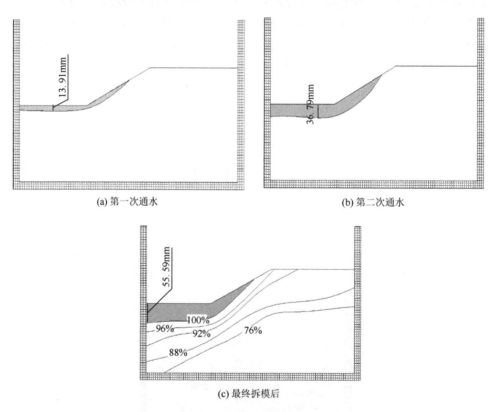

(a) 第一次通水

(b) 第二次通水

(c) 最终拆模后

图 5.36 模型 M2 每次通水后的饱和区示意图

图 5.37 是试验得到的模型 M3 每次通水后的边坡内土体饱和度的变化，其饱和度依然是根据试验中孔压传感器稳定阶段时的平均值反算而得的，最终次结果是通过拆模取样量测含水率获得的。对于黄色膨胀土模型 M3，从图 5.37 可以看

出，首次通水时渗透深度就可到达坡面垂直下方 53mm 处，深度非常可观；而第二次湿化后入渗深度继续加深，最深处可达 91mm；最后一次通水完毕后入渗深度达到了 145mm。通过对比 M1 和 M3 可以发现，M3 每次干湿循环完毕后的饱和区深度均大于 M1，这是因为 M3 土体膨胀性要高于 M1，而相同干密度条件下的土体在膨胀性较高时，其土体遭遇干湿循环后的胀缩变形剧烈，所产生的裂隙的宽度和深度也大，水分容易往深处入渗，所以每次循环完毕后 M3 的饱和区均大于 M1。

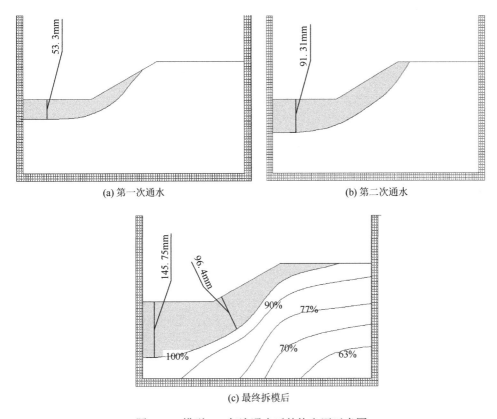

(a) 第一次通水　　　　　　　　　(b) 第二次通水

(c) 最终拆模后

图 5.37　模型 M3 每次通水后的饱和区示意图

图 5.38 是试验得到的模型 M4 每次通水后的边坡内土体饱和度的变化，其饱和度依然是根据试验中孔压传感器稳定阶段时的平均值反算而得的，最终次结果是通过拆模取样量测含水率获得的。对于黄色膨胀土模型 M4，从图 5.38 可以看出，首次通水时渗透深度就可到达坡面垂直下方 42mm 处；第二次湿化后入渗深度继续加深，最深处可达 61mm；最后一次通水完毕后入渗深度达到了 123mm。通过对比 M1、M3 和 M4 可以发现，M4 每次干湿循环完毕后的饱和区深度均小于 M3，但是要大于 M1。这是因为 M4 土体膨胀性要高于 M1，如前所述，相同干密

度条件下的土体在膨胀性较高时，干湿循环后的胀缩变形所产生的裂隙的宽度和深度也大，水分入渗也会更加容易，所以每次循环完毕后 M4 的饱和区均大于 M1；但 M4 干密度要大于 M3，高干密度使得边坡密实度更高，抑制了水分的入渗速度和深度，所以每次循环完毕后 M4 的饱和区深度会小于 M3。

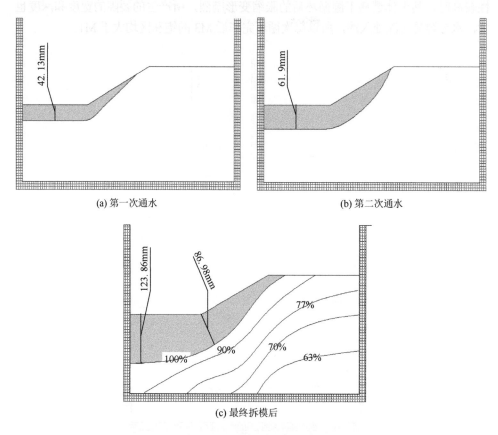

图 5.38　模型 M4 每次通水后的饱和区示意图

图 5.39 给出了最终拆模时含水率测点的分布，从图中可以看出，含水率测点共分为五列，每列从坡面开始，逐渐往下深入，按距离长短均匀分布着四个取土测点，此法能较为有效地测出各个模型最终破坏状态时的含水率分布，具体测算结果已在各模型通水后的饱和区示意图中画出。

对比同一模型在不同干湿循环次数下的饱和区示意图，可以发现水分的入渗是随着干湿循环的次数逐渐增强的，这说明每次干湿循环都会造成土体裂缝的开展和进一步扩展，导致水分不断入渗，造成饱和区不断扩大。对比同一干密度条件下不同膨胀性的渠坡模型，可以发现，在相同的循环次数下，膨胀性强的模型入渗深度更大，其原因可以归纳为两点：第一点是膨胀性高的土体拥有更高的液塑限，相应的饱和含水率也越高，在初始含水率相同的情况下，其饱和度越低，越容易吸水，这一点从上节的孔压变化也可以看出来，所以相应地，其入渗深度也会越大；第二点是膨胀性高的土在干湿循环条件下所产生的胀缩变形更大，裂缝发育得更宽更深，相应地，渠水入渗也会更加迅速。对比同一膨胀性的土体可以发现，在相同的循环次数下，干密度越高的模型水分入渗越浅，这是因为干密度越高，土体越密实，相应的渗透系数也越低，所以水分入渗也会越慢。

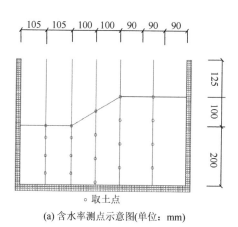

(a) 含水率测点示意图(单位：mm)　　　　　　(b) 含水率测点实际取点图

图 5.39　含水率测点

表 5.3 给出了水分入渗过程中渠坡受水区域面积和深度的变化值，将其绘制于图 5.40 中，从图中可以看出，膨胀性最大而干密度最小的模型 M3 水分入渗最快，每次循环过后其饱和区最大深度和面积都最大，其次是膨胀性最大但干密度也较大的 M4，每次循环后饱和区面积和深度排行第二，随后是膨胀性较弱而干密度较低的 M1，膨胀性较弱干密度较高的 M2 排行最后。这说明膨胀性、干密度和干湿循环次数共同影响着渠坡水分的入渗，在相同的循环次数下，高膨胀性高干密度的渠坡水分入渗要快于低膨胀性低干密度的渠坡，说明膨胀性对渠水入渗的影响最大。

表 5.3　水分入渗过程中渠坡受水区域的变化

模型名称	饱和度区域面积/cm²			饱和区深度最大值/mm		
	第一次循环	第二次循环	最终破坏	第一次循环	第二次循环	最终破坏
M1	61.65	151.21	242.81	20.48	49.21	70.16
M2	42.06	117.22	140.91	13.91	36.79	55.59
M3	158.39	329.95	495.92	53.30	91.31	145.75
M4	125.40	231.33	399.18	42.13	61.90	123.86

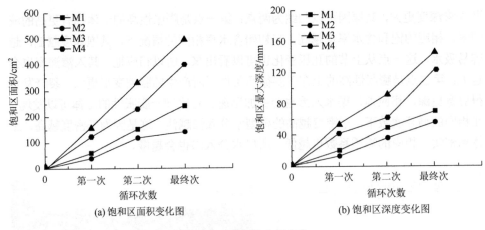

(a) 饱和区面积变化图　　　　　(b) 饱和区深度变化图

图 5.40　模型饱和区变化

5.2　膨胀土渠道干湿冻融耦合离心模型试验

参照上述研究的基础上，考虑现场渠道经历干湿和冻融耦合循环作用的特点，对上述设备研发工作进一步深化和完善，研制了一套可以在超重力场下模拟渠道湿干冻融反复作用的离心模型试验系统，该设备的研制为探索季冻区输水渠道劣化失稳机理提供了新的研究手段。

5.2.1　试验设备的研制与开发

研制的渠道干湿冻融离心模拟试验系统主要包括：①干湿系统；②热交换系统；③模型箱；④地面冷却水循环装置；⑤数据采集控制系统等，总体的组成结构如图 5.41 所示。

1. 干湿系统

干湿系统包括水位升降装置、风干装置和干湿控制系统，可用于模拟湿干冻融离心模型试验中"湿"和"干"的过程。

考虑现场输水渠道运行周期内经历注水期、蓄水期、排水期等，因此实现渠道模型内水位的升降过程是离心模拟试验的重点之一，所研制的水位升降装置可用于模拟现场输水渠道不同运行状态，工作原理如图 5.42 所示。该装置将密封水箱作为储水装置，以水箱顶部的两处电磁阀分别控制进充气和排气，并通过不锈钢输水管进行超重力场下承压水的输送。另外，为了控制渠道水位升降的精确度，以孔隙水压力微型传感器作为液位传感器，通过水压力换算得到液位高度。

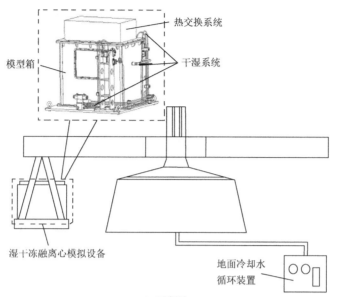

(a) 示意图

(b) 实拍图

图 5.41　渠道干湿冻融离心模型试验设备

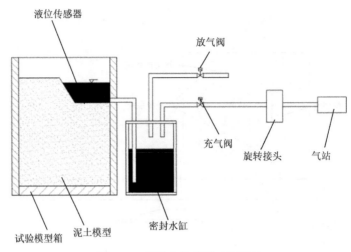

图 5.42　渠道水位升降工作原理

风干装置的主要功能是在离心机运转过程中对模型土体进行干燥。其工作原理为利用离心机高速旋转产生的空气流动带走渠道模型内部的湿气，以对渠坡模型的表面土体进行干燥。

干湿控制系统用于对离心机上干湿系统进行远程控制，为可连续控制的电控系统，控制系统界面可实时显示液位高度，干湿控制系统运行过程中还具有下列功能：自检测功能、强制功能、报警功能。

2. 热交换系统

热交换系统是干湿冻融离心模型试验系统的核心之一，其主要功能是实现模型的冻融过程。其工作原理是利用直流电通过半导体材料组成的电偶时，电偶两端可分别吸热和散热的特点来实现制冷和制热的变化过程。

目前可用于超重力场下的热交换装置均是通过冷（热）端与空气的自然对流进行热交换，从而对模型进行冻融过程，往往热交换效率较低，所需冻结（融化）时间较长，不利于科学研究工作。故为了提高渠道模型土体表面的气体流速，在热交换系统一端设置风机，将热交换装置产生的冷（热）量吹向渠底模型表面，并在模型内部产生空气内循环，从而增加热传导系统的运行效率，工作原理如图 5.43 所示。

由于循环风机在热交换系统内部占有一定空间，常规的标准半导体器件不能满足使用要求，采用专用半导体制冷器件，一级和二级制冷器件优化组合使用，可实现在相同单位面积下制冷功率比常规冷板的多一倍。各组制冷热电堆间串联连接，理论总制冷功率为 9000W。热交换器的结构采用 60mm 或以上的合金铝板加工成多条肋筋，可最大限度地加大交换面积，提高交换效率；半导体制冷器散

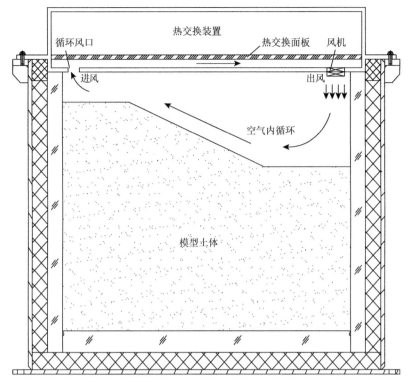

图 5.43　空气内循环工作原理

热水箱采用紫铜板数控加工的一体化加工结构，满足散热要求；所有水管的连接都采用耐高压软管，可以保证在高压循环水条件下正常工作。

热交换装置安装在冻融模型箱上方，通过法兰进行紧固，箱体内部设置一块铝合金材料的换热板，在换热板的一面紧密安装半导体制冷器件，制冷和加热分别由不同半导体制冷器完成。通直流电后可向模型箱内自上而下供冷/热。该设备温度控制为线性输出，温度变化斜率 0～1.5℃/min 范围内可调，可实现的温度变化范围为–40～30℃。

3. 模型箱

模型箱是安放渠道模型的空间，良好的保温、隔热、防渗漏性能是实现渠道模型干湿冻融过程的前提。模型箱结构由内模型箱、保温层、隔热支撑、外模型箱四部分组成，如图 5.44 所示。外模型箱采用 10mm 厚不锈钢板，外形尺寸 930mm×530mm×730mm，主要起到与其他结构零部件进行连接、紧固、支撑的作用，其上端设计有法兰和螺纹孔，与热交换系统进行连接。内模型箱的尺寸为 750mm×350mm×600mm（长、宽、高），为具有保温性能，采用有机玻璃板螺钉紧固连接，为保证密封性，在各玻璃板之间设置 O 形密封圈，接缝处涂抹密封胶；在内外模型箱之间留有一个 40mm 的间隙，用来填充聚氨酯保温材料，即保温层，并用隔热支撑进行内外模型箱支撑和紧固连接，防止在离心场下，有机板模型箱被土模型撑压而变形、开裂。另外，在模型箱一侧开有 400mm×300mm（长、高）的有机玻璃可视窗口，便于后期进行数字图像采集工作。模型箱上部覆盖着热交换系统。试验时模型箱内布设一系列传感器，模型箱整体需固定在离心机的吊篮内。

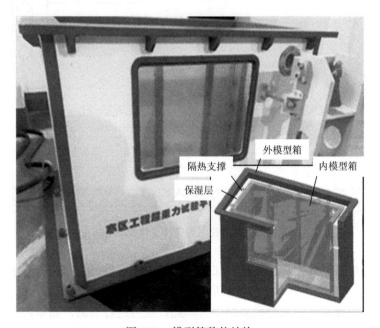

图 5.44　模型箱整体结构

4. 地面冷却水循环装置

由于试验过程中制冷（热）所产生的热量需通过流动的水带走，从而实现模型箱内的土体变温过程。水旋转接头是从地面向置于高速旋转离心机转臂上的试验设备提供水源的关键部件，该试验设备安装于南京水利科学研究院 NHRI-400 土工离心机上，NHRI-400 土工离心机配制有水旋转接头，故可将地面冷却水循环装置连接至水旋转接头，持续稳定地供应恒温、恒压的水用于热交换系统换热。相比于目前冻融离心模型试验中常用的水旋转接头接自来水等，该设备地面冷却水循环装置可以将 30℃的常温水快速冷却至 3～5℃供热交换系统使用，使得冻融试验循环过程中单位时间内冷热量交换恒定，制冷（热）速率稳定可控，多次试验时试验边界可保持完全一致，提高了试验的可重复性。

5. 数据采集控制系统

输水渠道离心模型试验经历干湿冻融四个阶段，在干湿作用下产生涨缩变形和含水率变化；在负温作用下发生冻害破坏，其主要表现为冻胀变形。因此，试验过程中需安装位移传感器、温度传感器、孔隙水压力传感器以分别测试渠基土竖向位移、渠基土温度和渠基土内部孔隙水压力。

渠道湿干冻融离心模型试验的监测设备应具有耐低温、耐腐蚀、防水等特性。温度传感器采用的是 PT-100 铂电阻传感器，工作范围 $-200\sim800℃$，其原理是利用金属铂在温度变化时自身电阻值也随之改变的特性来推算温度值；孔压传感器采用的是微型孔隙水压力计，防水性好、体积小、自重轻，量程为 $0\sim100kPa$，读取精度为 0.01kPa；位移传感器采用的是直流回弹式位移传感器（LVDT），工作原理属于差动变压式，该类传感器耐低温，温度漂移小，线性度高，外形结构为304 不锈钢材料的圆柱体，外径达 20mm，长度达 200mm，圆柱体前端是回弹式探针，后端为线，量程为 $0\sim30mm$。

5.2.2　使用方法与特点

1. 设备的主要特点

该设备的主要功能为创造"湿、干、冻、融"变化的温度场环境，其具有如下特点：①具有渠道水位升降系统和风干装置，且热交换系统由半导体制冷片组成，它既可以制冷又可以制热，因此，该离心模拟系统可以实现渠道的"湿""干""冻""融"四个过程；②重复上面的试验过程后，该系统既可以实现渠道的反复"干湿冻融"试验；③可靠性强，控制方便、应用广，不但可用于寒区输水渠道的劣化失稳过程的研究，也可用于寒冷地区路基或其他结构物受湿干冻融作用问题的研究。

2. 使用方法、步骤

利用该离心模型试验设备进行输水渠道渠基土湿干冻融过程的研究，主要有以下几个步骤：

（1）根据所模拟现场渠道的断面尺寸，结合离心机的模型箱尺寸和最大离心加速度，确定合适的相似比尺，从而计算出模型渠道断面尺寸。

（2）将调配好含水率的土体按照设计干密度进行模型渠道制作，该过程中根据研究需要在渠坡和渠基不同位置埋设位移传感器和温度传感器。传感器安装好后其线缆应进行捆扎保护，防止试验过程中的损坏。

（3）对干湿系统和热交换系统与模型箱体间的缝隙采用聚氨酯泡沫塑料和

绝缘胶带进行密封处理，从而更好地控制箱内温湿度环境场。检查试验前的准备工作和设备的连接情况，并在启动各系统控制器后，开启离心机。

（4）通过控制系统对模型依次进行"湿""干""冻""融"四个过程的模拟。

（5）若研究中涉及多循环模拟，循环实施步骤 d，则能实现对模型箱内的土体施加"干湿冻融"循环作用。

5.2.3　初步应用

1. 试验方案

前已述及，渠基膨胀土在经历干湿交替、冻融循环的恶劣自然气候作用下劣化明显，采用该试验设备对北疆季冻区输水渠道的劣化过程进行了初步研究，本书仅简要给出一组典型试验的试验结果，以说明利用该试验设备进行湿干冻融耦合作用下输水渠道劣化过程模拟研究的有效性和可行性。

所模拟的北疆某输水渠道工程，渠道断面为梯形，渠高 5m，渠水深度约 4m，两边渠坡坡比均为 1：2。模型试验所用土体即取自该渠道工程现场，黏粒和粉粒含量分别为 31.5% 和 38.6%，液限和塑限分别为 52.6% 和 18.4%，自由膨胀率为 71%，为中等胀缩等级膨胀土。土体以最优含水率 18.8% 进行配制，按照干密度 $1.6g/cm^3$ 进行渠道模型的制作。

试验在南京水利科学研究院 NHRI-440 大型土工离心机进行，离心机挂篮侧面搭载了摄像系统，可以完成对模型箱可视窗口等部位的监视及录像。试验最大加速度设计值为 $50g$，为了节省模型空间，并考虑渠道剖面对称性，本试验以渠道中轴线为界只模拟渠道剖面的一半，该试验过程中布置共九只温度传感器（T1～T9）、三只 LVDT 位移传感器（L1～L3）、九只孔隙水压力传感器（P1～P9），模型渠道具体尺寸和传感器布置如图 5.45 所示。

本次离心模型试验主要模拟渠道的湿干冻融过程，并以此验证该试验设备进行湿干冻融耦合循环作用下输水渠道劣化过程模拟研究的有效性和可行性，故仅进行一次湿干冻融循环，其中"湿"和"干"的过程均已达到设备使用要求为停止标准，"冻"和"融"的过程均以冻结深度和融化深度达到现场最大冻深为停止标准。

2. 试验结果

1）水分场变化

受限于多场耦合下传感器的使用，本次试验仅监测"湿"和"干"阶段的水分场变化，暂不考虑"冻"和"融"阶段的未冻水迁移等水分微量迁移的影响。其中，"湿"和"干"的过程均通过孔隙水压力传感器监测判断。

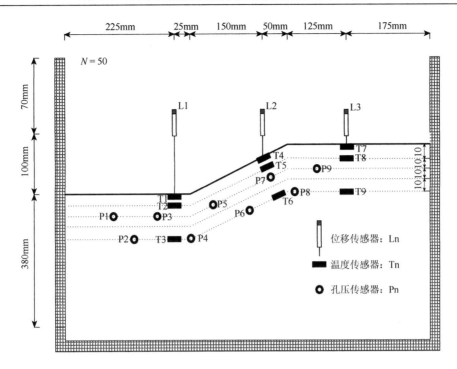

图 5.45　模型具体尺寸和传感器布置

图 5.46 为渠道模型内部孔隙水压力变化曲线。可以看出,当开始进行水位升降过程模拟时,渠基土内部孔隙水压力传感器均不同程度地被激活,其中,P3、P4、P5 处的孔隙水压力值随着渠道模型内水位的上升而增长,当渠道模型内水位不变时其孔隙水压力值保持平稳,微弱的降低主要是由于渠水下渗,当渠道模型内水位降低时,其孔隙水压力值随之下降并在降至一定数值后保持平稳,此时渠道模型内水即已排尽。可以认为,该设备良好地模拟了渠道的水位升降过程,与现场渠道的注水期、蓄水期和排水期相符。

另外,当开始干燥过程模拟时,机室内近 35℃的热空气通过离心机自身的高速旋转流入模型箱内部并带走渠道模型内部的湿气,对土体表面进行干燥。从图 5.46 可以看出,在干燥阶段后期,所有测点的孔隙水压力值均略有下降,其中 P6、P8 处孔隙水压力值接近于 0,P7 处孔隙水压力值显著下降,这表明 P6、P8 处渠基土由于风干作用已由饱和状态转变为非饱和状态,根据比尺关系换算至原型,渠坡表面干燥深度可至 2m 以上。另外,由于 P6、P7、P8 均处于渠坡,而渠底仍处于饱和或接近饱和状态,这是由于渠底表面在排水后仍留有部分水分残留,加大了干燥度,这与渠道现场实际情况是一致的。因此,可以认为,该设备良好地模拟了渠道表面的干燥过程。

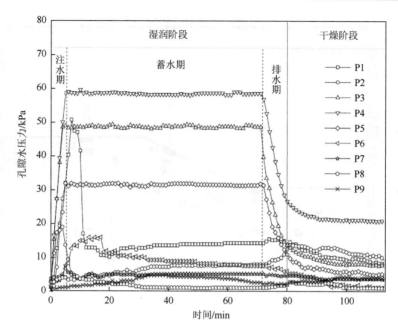

图 5.46　渠道模型内部孔隙水压力变化曲线

2）温度场变化

图 5.47 为渠道模型试验中各测点的温度变化曲线。可以看出，热交换面板温度下降至−40℃和上升至 30℃时的过程均十分快速、稳定，显示了热交换系统的可靠性和稳定性。试验中，所有温度传感器均达到负温，渠坡、渠顶不同深度处的温度传感器的温度变化速率由于空气内循环装置的运行而接近一致，同一深度处渠底的升降温速率相对较小，这主要是由于渠底为饱和土，故相对于渠坡、渠顶所需冻融时间较长。将温度场变化深度换算至原型，冻结深度可至 2m 以上，而北疆季冻区渠基土最大冻深约 1.8m，可以认为，该设备可以满足北疆季冻区渠道的冻融过程研究需要。另外，湿润过程中，土体温度陡增，这是由于用于模拟水位升降过程的渠水温度较高，故使用该设备时应注意保持水箱内水温与土体初始温度一致。

3）位移场变化

图 5.48 为渠道模型竖向位移量变化曲线，其中渠底、渠顶的竖向位移量为位移传感器的测值，渠坡的竖向位移量为渠坡表面法向位移量，可由公式 $D = v/\cos\theta$ 计算，v 为位移传感器的测值；θ 为渠道的坡角。

从图 5.48 可以看出，渠底和渠坡均出现了显著的冻胀现象，渠顶的冻胀现象则不明显。渠底和渠坡的冻胀速率在刚开始时均较大，当冻结过程持续约 50min

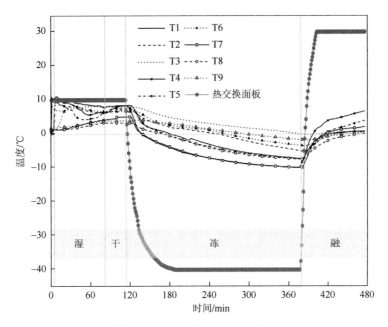

图 5.47　渠道模型温度变化曲线

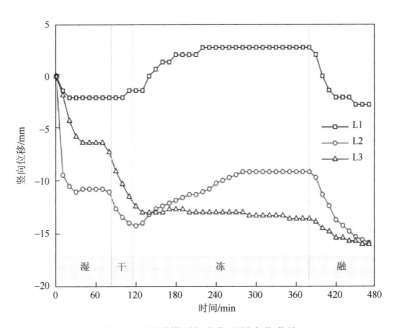

图 5.48　渠道模型竖向位移量变化曲线

后，渠底冻胀量增长变缓并趋于稳定，而渠坡冻胀量仍在持续增长，但冻胀速率放缓，最终渠底和渠坡的冻胀量分别为 2.1mm 和 5.1mm。当进行融化过程模拟时，渠底、渠坡和渠顶均出现了显著的融沉现象，渠底和渠顶融沉速率相近，渠坡融沉速率显著大于渠底和渠顶，渠底、渠坡和渠顶的最终融沉量分别为 2.4mm、6.9mm、2.7mm。将冻胀融沉量根据比尺关系进行换算，约为 10～35cm，可以认为，该套渠道干湿冻融离心模型试验设备可良好地模拟现场渠基土冻胀融沉现象，且在位移测试方面是正确的。

4) 存在问题

虽然季冻区渠道离心模拟设备已经研制成功并初步开展试验，但在试验模拟过程中也发现存在一些问题，也是目前本团队正在着力解决的难题。概括起来主要有以下两个方面：①干湿冻融全过程的相似比尺。由于现场自然气候条件复杂多变，可以认为是一个多场敞开系统，在离心模型试验中采用半导体热交换系统模拟现场环境温度，如按照相似比尺对现场干湿冻融简化边界条件进行缩尺，需在约 75min 内完成对模型渠基土冻结过程的模拟，受目前半导体技术水平所限，尚无法在目标缩尺时间内将模型渠基土冻结至现场最大冻深。②量测手段的多样化和精细化。传统离心模型试验测试方法或传感器主要适用于单一环境场中，在湿干冻融耦合循环作用下的复杂环境场中难以适用。例如，未冻水迁移对冻土冻胀特性影响显著，常规离心模型试验中的含水率传感器在低温环境下难以测定未冻水含量，且延迟较为严重，难以获得渠基土在冻融过程中的未冻水迁移数据，故目前通过冻土离心模型试验对未冻水迁移流速、分凝现象的相似比尺等进行理论研究还存在较大难度。在超重力干湿冻融模拟过程中实现温度场、水分场、位移场（冻胀融沉位移）、力场（冻胀作用力）等的精准测试，是揭示复杂作用下渠道劣化破坏机理和建立合理数值计算方法的前提，在此方向仍有许多工作亟须开展。

第6章 高寒区膨胀土渠道的破坏机制及稳定性

渠道边坡稳定是渠道正常输水运行的前提。以高寒区输水渠道为例，渠道自建成运行至今已近 20 年，渠坡在干湿交替、冻融循环作用下破坏明显，主要表现为裂隙造成坡面完整性的降低及内部基土力学特性的劣化，对渠坡的稳定性造成显著的影响。故对高寒区膨胀土渠道边坡的破坏机制及稳定性进行研究具有现实意义。

基于此，本章首先以高寒区现场典型渠道断面破坏形态为基础，结合离心试验和裂隙单元试验结果，提出符合湿干及湿干冻融耦合作用下基土内部破坏特征的高寒区渠道膨胀土边坡破坏模式。其次，由于渠坡裂隙的存在，供水期基土强度发生多大变化，对应的渠坡稳定性如何变化，都是需要探索的问题。最后，结合数值模拟结果，深入揭示高寒区渠道膨胀土边坡的破坏机制。

6.1 高寒区膨胀土渠道的破坏特征

6.1.1 现场渠道破坏断面地质及气象条件

失稳渠坡位于总干渠挖方段，渠段地势平坦，地势东高西低（NW），倾角为 6°～10°。失稳断面一级马道高程约为 629.4m，设计开挖高程约为 623.8m，开挖深度约为 5.6m，过水断面坡比为 1：2。断面处于古近系-新近系内陆湖泊沉积型地层，分布较厚的砂壤土。黏粒的含量为 46%～56%，胶粒含量约为 13%，自由膨胀率为 0.9～1.1，为中强膨胀土。渠道开挖过程中，裂隙面光滑呈油脂光泽并有擦痕，小型褶皱和断裂发育完全。

渠道工程位于阿勒泰地区，属温带大陆性气候，冬季夜间最低气温可达–40.3℃，夏季平均气温为 20℃。渠道采取季节性供水，每年 4～9 月通水，其他时间停水。渠道每年的通水、停水以及沿线夏季高温、冬季严寒的气候特点共同对渠基膨胀土形成了明显的湿干冻融耦合循环作用，具体气候及沿线温度分布可参考第 1 章。同时，渠道穿越区域地下水位极深，在考虑渠基土水分变化时可忽略地下水的影响。

6.1.2 现场断面破坏形态及内部特征

本断面在 10 月中旬发生失稳破坏，此刻距渠道停水近 1 个月，如图 6.1（a）

所示，其中滑动区域整体呈不规则多边形分布，纵长约 9.3m，宽为 15m。滑动区域表面含水率极低，裂隙发育程度较高，呈明显的网状分布；后缘裂隙位于渠顶马道附近［图 6.1（c）］，高程为 629.4m，通过钢丝贯入的方法大致确定裂隙深度约为 2m，这与北疆地区的气候影响深度基本一致（蔡正银和黄英豪，2015）；渠水位线以下坡面浅层土体发生滑坡失稳并在坡脚位置形成堆积；将部分滑动区域土体清除，在其底部出现较明显的滑动面，如图 6.1（b）所示。需要注意的是，与传统土质边坡的圆弧形滑动面不同（Morgenstern and Price，1965；Nian et al.，2008），现场滑动面走向大致与原始坡面一致，这也是膨胀土边坡浅层失稳的基本特征之一（包承纲，2004；孔令伟等，2007；程展林和龚壁卫，2015）。滑动区域前缘形态平缓，剪出口明显，基本沿水平方向向滑动区域内部延伸；同时坡脚位置存在明显的积水现象。

(a) 现场渠道边坡浅层失稳图

(b) 滑动区域底部滑动层

(c) 滑动区域后缘张拉裂隙

图 6.1　渠道现场典型断面失稳图

图 6.2 为断面失稳后的实测剖面图。由图可知，渠坡浅层土体较初始状态整体

发生下沉，沉降量约为 0.5m。在滑动区域表面发现两处明显的张拉裂隙，呈明显的 V 形分布，开度约为 20cm，最大发育深度约为 1.2m。在坡脚形成的堆积体高度约为 1m。在实测过程中，发现两条较明显的滑动面（潜在滑动面 1 和 2），如图 6.2 所示，其中潜在滑动面 1 位于 627.2～629m 高程，潜在滑动面 2 位于 625.6～629m 高程；两处滑动面后缘相交，且后缘张拉裂隙均可视为滑动区域整体下沉导致张拉裂隙向边坡深部的自然延伸；同时在 626m 附近高程处，潜在滑动面 2 的滑线向水平方向发生弯折。

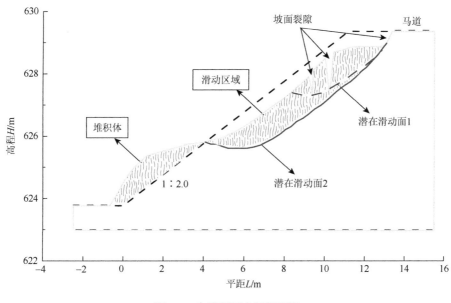

图 6.2　失稳断面实测剖面图

6.2　高寒区膨胀土渠道的破坏模式及失稳过程

6.2.1　膨胀土裂隙的主要发育过程

湿干及湿干冻融耦合作用后试样内部裂隙均充分发育，在循环初期，裂隙的发育方向首先经历竖直向下发育；随着循环次数的增加，当裂隙发育深度到达一定深度后裂隙的发育方向发生水平向偏转，裂隙整体呈现出沿水平向汇聚的发育特征。这里需要说明的是，由于条件所限，仅进行了干湿循环作用下渠道膨胀土边坡的离心试验。在第 2 章中对湿干及湿干冻融耦合循环作用下试样内部裂隙的演化规律进行对比后发现，湿干冻融耦合循环中的冻融过程主要加剧了试样裂隙的开展深度，同时冻融过程易造成试样内部裂隙的破碎断裂，但对裂隙在经历多次循环中表现出的先竖直向下发育，到达一定深度后发育方向发生水平向偏转这一发育模式并未产生影响。故认为在离心场下膨胀土渠道边坡经历多次干湿循环后所呈现出的浅层失稳破坏可对渠坡在湿干冻融耦合循环下的破坏模式进行表征。由上述对渠道浅层失稳破坏形态的描述可知，后续进行湿干及湿干冻融耦合循环作用下渠道膨胀土边坡失稳模式假设均以膨胀土内部裂隙在向下拓展过程中的偏转为基础，故有必要对上述现象，即裂隙传播路径为什么会发生偏转这一问题进行探讨。

在对上述问题进行探讨前，首先简单回顾一下膨胀土的竖向开裂过程。在干燥条件下，土体内部水分的散失从土体表面开始，最先失去的是土颗粒间的自由水，随着干燥时间的增加，土体下层的水分在毛细水作用下不断地向上传输补给上层水-气界面（干燥锋面）以维持蒸发，这就造成了土体整体含水率的降低。当试样水分散失量超过其下部水分供给量时，土体则开始了干燥收缩过程。如果土体在收缩过程中对其施加约束边界条件，使得土体下部水分无法向上为表面持续水分散失过程提供补给时，土体表面将产生拉应力。当表面张拉应力超过土体的抗拉强度时，土体表面开裂。同时，由于膨胀土自身的特殊矿物组成，造成其具有较强的胀缩性，进一步加速了表面裂隙的生成。根据断裂力学理论，随着土体表面裂隙的形成，此时土体局部积聚的应变能得到释放，应力场将进行重新调整。拉应力在裂隙尖端附近产生集中，并沿着裂隙走向传播，造成裂隙逐渐变宽加深。

同样，当土体在经历湿干冻融耦合循环边界条件时（干燥至 $0.7 \cdot Sr$ 后试样转入冻结状态），冻结过程中形成的温度梯度在土体内部产生吸力梯度，使得未冻区自由水向冰透镜体锋面处聚集，进而在土体上部形成分凝冰；分凝冰的存在在微观和宏观尺度上造成土体结构的重排，进一步促进了裂隙的发育。但需要注意的是，试样在干燥阶段完成后需再次经历冻结和融化阶段，上述两个节点时刻试样内部的温度梯度较之前的干燥阶段增大明显，故需考虑试样内部温度梯度对裂隙发育规律的影响。

众所周知，土体的冻结和融化是一个复杂的过程，其中涉及水、热耦合及冰水相变。在较大的温度梯度下，土体内部可形成较大的吸力增加速率，在短时间内由吸力增加引起的土体表面拉应力大于土体抗拉强度，进一步加剧了裂隙向下拓展。

6.2.2　膨胀土裂隙传播路径发生偏转现象的内在机理

裂隙传播路径发生偏转这一问题也与土体所处的应力状态存在直接联系。针对这一问题，众多学者提出了自己的观点，其中基于断裂力学研究土体开裂破坏的方向已成为主流。断裂力学中裂隙存在三种断裂形式，即Ⅰ型断裂（张开型）、Ⅱ型断裂（滑移型）及Ⅲ型断裂（撕开型），如图 6.3（a）～（c）所示。在实际岩土工程中，裂隙通常以Ⅰ型、Ⅱ型或Ⅰ型Ⅱ型混合的形式存在。唐朝生等（2018）将裂隙的生成归因于土体发生张拉破坏的结果，即认为土体裂隙是由纯Ⅰ型断裂引起的。当裂隙生成后，土体含水率沿裂隙面分布不均，进而在裂隙面上形成新的张拉应力场，裂隙面上土颗粒在裂隙面张拉应力场及土体表层横向张拉应力场共同作用下发生应力集中，最终造成在初始裂隙面上形成二次横向裂隙，如图 6.3（d）所示；若将土体的持续失水也视为裂隙尖端部分土体上覆压力（σ_z）降低，此应力状态下裂隙发育方向发生偏转也可视为由Ⅱ型断裂造成。同样，柴波等（2009）对具有膨胀性的红层岩土体进行干湿循环后发现，土体内部裂隙不仅受到失水收缩的张拉破坏，还存在由于吸水膨胀微裂隙尖端压应力集中引起的压剪破坏。故在对外部环境作用下裂隙的发育路径进行分析的过程中，应同时考虑Ⅰ型和Ⅱ型断裂过程共同作用的影响。但采用上述机理对土体内部裂隙发育方向发生偏转现象进行解释时也存在一些问题。例如，唐朝生等（2018）提出的二级横向裂隙 ［图 6.3（d）］生成机制实质上是土体在裂隙面某薄弱处的二次Ⅰ型断裂，这种断裂模式可以对表面的剥落现象进行解释，但对裂隙发生的偏转这一核心问题并未涉及。同样，考虑Ⅰ型和Ⅱ型断裂过程共同作用导致的裂隙偏转时，在判断裂隙在何时发生偏转这个问题上存在较大争议，同时推导过程假设较多且较为复杂。由图 6.3（d）可知，上部裂隙相对于下部未开裂土体存在两种传播路径，即沿着裂隙走向继续向下传播或传播方向发生偏转。参考复合材料学中关于界面强度与纤维增韧效果间的相互关系（Donkor and Obonyo，2016；李黎和曹明莉，2018），从界面黏结强度角度对失水过程中土体裂隙传播路径发生偏转的机理进行解释。

对于陶瓷基复合材料而言（陶瓷为基体，陶瓷与纤维间的接触面称为界面），陶瓷基体断裂应变较纤维相对较小，在对连续纤维增韧的陶瓷基复合材料施加轴向拉伸荷载时，陶瓷基体首先出现裂隙，随着荷载的增加，裂隙一般沿着垂直于纤维的方向拓展发育。当陶瓷基体裂隙发育到达界面时，若界面为弱黏结（弱界面黏结），裂隙传播路径将在界面发生偏转；若界面为强黏结（强界面黏结），裂隙则会沿着初始路径直接穿透纤维继续传播。

同样，在非饱和/饱和土中也存在类似强界面/弱界面黏结的问题。Tang 等（2012）认为在低含水率下，土颗粒以团聚体的形式存在，团聚体间由于毛细作用存在接触点，土体内部拉应力通过接触点进行传播 ［图 6.4（b）］，此刻土颗粒间的连接可视为强黏结，宏观表现为土体抗拉强度的增加；而高含水率土壤团聚体极易发生崩解，团聚结构逐渐变为分散结构，土颗粒间的毛细作用逐渐消失，此刻土体内部拉应力则主要受到颗粒间摩擦力的影响，土颗粒间的连接明显弱于含水率较

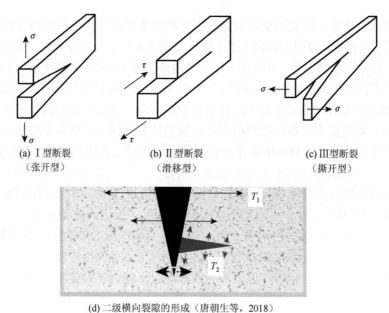

(a) Ⅰ型断裂　　　　　　　(b) Ⅱ型断裂　　　　　　　(c) Ⅲ型断裂
（张开型）　　　　　　　（滑移型）　　　　　　　（撕开型）

(d) 二级横向裂隙的形成（唐朝生等，2018）

图 6.3　裂隙的三种断裂模式及二级裂隙的形成过程

低状态，可视为弱黏结。根据 2.2 节单元试验结果，试验土样的初始状态为饱和，如图 6.4（a）所示，土体内部土颗粒分布较为均匀；随着试验的继续，试样的持续失水造成其顶部近环境边界区域首先开裂，同时出现沿深度方向继续向下传播的发育趋势，对应土体含水率自上而下存在较大差异，其中含裂隙部分的含水率较低，而不含裂隙部分含水率则相对较高。

　　故可将试样上部裂隙区域（低含水率）视为基体，下部无裂隙区域（高含水率）视为弱黏结界面。基体裂隙向下传播过程中，由于弱黏结界面的存在造成裂隙尖端两侧能量状态存在较大差异，遵循最小耗能原理，裂隙沿着弱黏结界面，以能量释放最短路径发生偏转。

6.2.3　膨胀土渠道的破坏模式及失稳过程

　　上述结果表明，膨胀土渠道的失稳与其内部裂隙存在直接联系。考虑渠坡土体的内摩擦角明显大于渠道坡面倾角（渠坡的坡比为 1∶2），渠坡在自身重力作用下抗滑力大于下滑力（尤其在通水期），所以整体的安全性较高，暂时不具备失稳的可能。但在对现场渠道失稳断面及离心模型试验进行分析后发现，导致停水后膨胀土渠道发生浅层失稳的原因可大致归纳为以下两点：一是外部环境作用下渠道浅层土体的剥落；二是渠坡上部所形成的张拉裂隙。下面对这两点逐一进行说明。

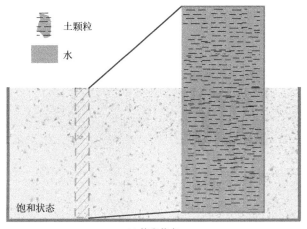

(a) 饱和状态

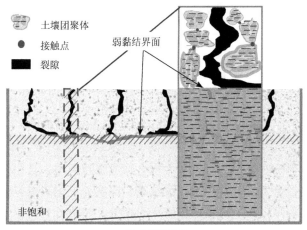

(b) 非饱和状态

图 6.4　土体裂隙传播过程中单元微观结构演变示意图

　　首先是外部环境作用下渠道浅层土体的剥落。在前文裂隙单元试验中发现沿深度方向土体的开裂程度存在较大差异，虽在每次循环结束后采用整体密封的方法来降低试样内部沿深度方向含水率不均对后续试验结果的影响，但最终的含水率沿深度方向差异性仍然较大，尤其在贯穿区（h_1）区域内的切片裂隙率沿深度方向几乎为定值，同时发现试样浅层土体已被完全分割为多个"子土块"，且能较容易地从试样表面剥离（图 6.5），这说明"子土块"已完全与其周围及底部土体脱离。同样，在 Konrad 和 Ayad（1997）及 Khan 等（2017）的现场试验中也出现了与裂隙试验相类似的"子土块"剥落的现象，这也从侧面说明现实中确实存在离心试验中出现的浅层土体剥落这种破坏模式。同时，"子土块"的剥落也将导致滑动区域上覆压力的降低，这也会加快渠坡的失稳。需要说明的是，浅层"子土块"的剥落将贯穿渠坡破坏全过程。

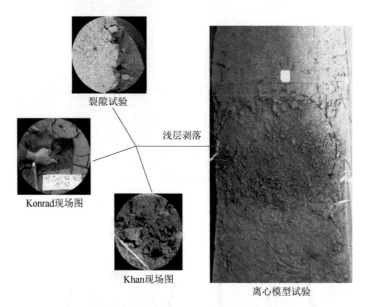

图 6.5　渠道浅层"子土块"剥落情况分析图

同样，渠坡上部在渠道运行过程中也会形成张拉裂隙，且在向渠坡深部传播的过程中传播路径会发生偏转，待在渠坡某一深度处汇聚形成完整的裂隙带，造成边坡具备沿此裂隙带向下发生滑移破坏的趋势，如图 6.1（b）及图 6.2 失稳断面实测所示。随着干燥时间的继续增加，当裂隙汇聚程度达到某一阈值后上部土体沿着裂隙滑动带向下滑动，造成渠道膨胀土边坡最终的浅层失稳破坏。

综上所述，北疆高寒区现场渠道膨胀土边坡在经历干湿交替、冻融循环作用下的浅层失稳问题可以视为由上述两种破坏模式相互混合、叠加造成的，两者的成因相似，均受裂隙单元试验中观察裂隙传播路径发生偏转的影响。故本节以裂隙传播路径发生偏转这一现象为基础，结合现场渠道断面及离心模型中渠坡浅层失稳结果，提出了考虑渠坡浅层土体裂隙拓展的北疆渠道膨胀土边坡失稳模式及简化模型，具体失稳过程如图 6.6 所示。

渠道在建设之初，渠坡完整度较高，高压实度下坡面可近似认为无初始裂隙存在，如图 6.6（a）所示；随着渠道运行时间的增加，浅层土体在经历干湿交替、冻融循环作用下逐渐开裂，渠坡表面生成的"子土块"逐渐开始剥落并在坡脚处形成堆积，同时裂隙沿竖直方向也逐渐向坡体内部拓展发育，如图 6.6（b）所示；当裂隙的开裂深度到达坡面临界深度 h_c 后 [图 6.6（c）]，裂隙的传播路径发生偏转，此阶段裂隙在渠坡浅层顺坡面方向逐渐连通贯穿，伴随着坡面"子土块"剥落程度增加，如图 6.6（d）所示；在渠道经历最后一次停水阶段，首先渠道水位的降低及"子土块"剥落共同导致浅层土体上覆压力下降明显，同时在通水期浅层失稳区域土体内部裂隙发育程度较高，停水后浅层土体内部渠水通过裂隙形成的优先路径（优势流）流出土体并在坡脚汇聚，此外渠道浅层土体内部裂隙在本次干燥过程中再次拓展，最终在渠道内部形成一套平行于渠坡的裂隙滑动带。渠坡浅层土体在上述效应的共同作用下沿着裂隙滑动带发生整体滑移，最终造成渠道膨胀土边坡的浅层失稳。

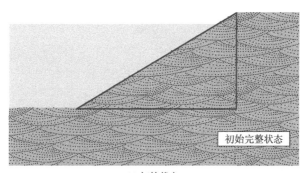

(a) 初始状态

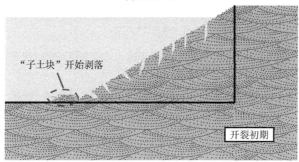

(b) 开裂初期

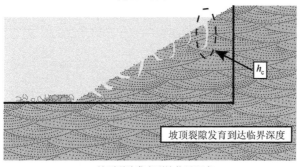

(c) 坡顶裂隙发育到达临界深度h_c

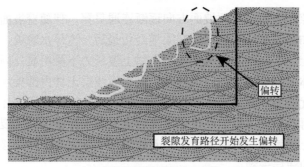

(d) 裂隙发育路径开始发生偏转

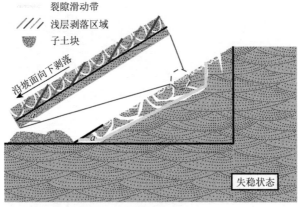

(e) 渠道失稳的状态

图 6.6　外部环境作用下渠道膨胀土边坡失稳过程示意图

6.3　高寒区膨胀土渠道的破坏机制及数值模拟

6.2 节初步提出了湿干冻融耦合循环作用下高寒区膨胀土渠道的破坏模式和失稳过程，本节从数值模拟角度进一步研究上述两种破坏模式对膨胀土渠道稳定性的影响，深入揭示高寒区渠道膨胀土边坡的破坏机制。

6.3.1　渠道模型及计算方案

1. 渠道模型尺寸设定及边界条件

结合 Geostudio 有限元计算软件中的 Seep/W 模块和 Slope/W 对湿干冻融耦合循环作用下北疆高寒区膨胀土渠道的破坏模式和失稳过程进行模拟。以北疆现场实际渠道断面尺寸进行本次数值模拟模型的设定。考虑到渠道剖面为对称性设计，以渠道中轴线为界只取渠道剖面的一半进行模拟，其中渠坡高度为 5m，渠底宽

10m，渠顶宽 15m，渠坡采用坡比为 1：2，渠底基土厚度定为 10m，具体尺寸如图 6.7 所示。

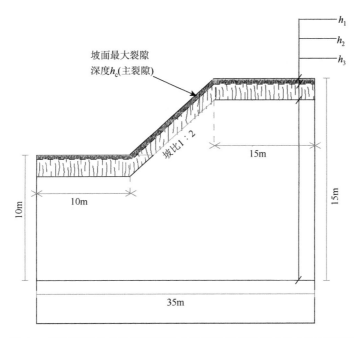

图 6.7　基于裂隙分布的渠道膨胀土边坡数值模拟尺寸及分区示意图

考虑到渠道现场的地下水位较深，在建模时可以忽略，仅考虑渠水入渗对渠坡稳定性的影响。模拟渠水入渗过程中设置坡面固定压力水头为 4m，通水时间为 150 天，停水过程则通过控制降水时间来进行模拟。

2. 渠道模型裂隙的设定及分层处理

在第 2 章裂隙试验中，试样在湿干及湿干冻融耦合循环作用下裂隙呈现出由表层向内部的发育特征，对试样的强度及渗透特性造成影响。同样，在进行膨胀土边坡稳定分析时，考虑裂隙对土体强度及渗透性的影响是十分必要的。

膨胀土边坡坡体上裂隙的处理是本次数值模拟的关键。目前在对含裂隙膨胀土边坡进行数值模拟时，一般采用以下两种方法对裂隙进行模拟：一是把裂隙以实体单元的形式在模型中直接呈现，一般是以实际的裂隙分布为基准，通过裂隙率不变等前提条件对裂隙进行合理等效简化，等效后的裂隙在进行渗透性和强度赋值时通常按均质材料考虑（Khan et al.，2017）；另一种则是不考虑裂隙的具体尺寸及分布，将裂隙对土体的影响通过土体孔隙结构、土水特征曲线及持水性变化进行体现（Fredlund et al.，2010；Qi and Vanapalli，2015；Bai and Liu，2012）。

基于现场膨胀土边坡的原位监测结果，詹良通等（2003）将膨胀土边坡内部的裂隙划分为主裂隙和次生裂隙。主裂隙开裂时间通常较早且深度较大，对坡体渗流场影响显著；而次生裂隙开裂时间较晚，受到早期形成裂隙的抑制，一般深度浅、延展长度短，但数目上却远大于主裂隙，对土体强度和渗透性的影响同样不可忽视。同样，Fredlund 等（2010）也建议在对含裂隙膨胀土边坡进行数值模拟时，将主裂隙和次生裂隙分开考虑。

考虑到本次研究的膨胀土渠道边坡所表现出的浅层失稳模式是一种混合型破坏，即最终失稳是由渠坡表层"子土块"剥落及坡体后缘张拉裂隙的生成和拓展共同造成的，在进行本次数值模拟时选择将模型裂隙分解成主裂隙和次生裂隙，如图 6.7 所示，具体的分解过程如下：

（1）渠道现场及离心试验中均在坡面上部靠近坡顶位置出现一条明显的张拉裂隙（后缘裂隙），其开度和深度均明显高于其他浅层裂隙，如图 6.1（c）所示，故在模拟中将其视为主裂隙进行考虑，深度基本等于外部环境影响范围深度。结合现场及离心试验结果可知，主裂隙一般出现在坡面上部，与渠道正常通水水位线基本一致（距离渠底 4m），故这里仅考虑主裂隙的位置距离渠底 4m这一种情况。

（2）将渠坡浅部存在次生细小裂隙等效为一种材料，该材料较初始无裂隙土体渗透性更高，而强度则降低明显；参考上文单元裂隙结果，此区域内的裂隙发育完全且形成了大量的"子土块"，故可假设"子土块"发生剥落这一过程仅在贯穿区（h_1）内发生。

这里需要说明的是，图 6.7 中的裂隙影响区域（h_c）表示贯穿区（h_1）及渐变区（h_2）之和，而外部环境影响范围即为裂隙拓展的极限影响区域（h_{cmax}）。

（3）SWCC 曲线的确定。在进行数值模拟时，模型参数选取的正确与否直接关系最终模拟结果的准确性。在本次对北疆高寒区渠道膨胀土边坡进行数值模拟时，浅层土体裂隙的存在使得模型中的土体参数较难确定，增加了模拟难度。在对膨胀土边坡进行数值模拟时，土-水特征曲线（SWCC）作为一种能够描述土体含水率与基质吸力间的函数关系而被广泛使用，它能够反映基质吸力作用下土体的持水性能，与非饱和土的渗透、强度和体变特性均密切相关（Li et al.，2017）。虽然在上节中对浅层土体的裂隙分布进行了部分简化，但从模型参数角度仍有两个问题需要解决：一是完整土 SWCC 曲线的确定；二是含裂隙土的SWCC 曲线到底如何改变。

先回答第一个问题，考虑通过试验方法获得 SWCC 曲线时常存在较大误差，同时试验对仪器的要求较高且耗时较长，故本次模拟采用类比的方法确定完整土体的 SWCC 曲线，即通过对比不同土体的部分指标，找到与本次研究对象物理性质相似的土体，对应的 SWCC 曲线可近似作为本次模拟的参数进行使用。Ito 和

Azam（2013）从非饱和土内部土颗粒结构及矿物组成角度出发，认为土体的黏土矿物含量对其吸附水量的影响最为显著。同样，Puppala 等（2013）指出，较土体其他物理性质参数，塑性指数 I_P 对 SWCC 曲线形态最为敏感。

　　故选择液限（W_L）和塑性指数（I_P）作为指标，通过查阅文献的方式获得不同地区膨胀土的液限（W_L）、塑性指数（I_P）及其对应的 SWCC 试验值，共计 21 组。参照《土工试验方法标准》中推荐的塑性图分类法对上述 21 种膨胀土进行细化分类，如图 6.8 所示。由图可知，21 种膨胀土按塑性图判别与分类法可大致分为两类，即低液限黏土（CL）和高液限黏土（CH）。将本次试验土样的液限及塑性指数也绘于图 6.8 中，发现本次试验采用的北疆膨胀土（$W_L=65.9\%$，$I_P=45.9$）属于 CH 部分，即高液限黏土，同时发现其液限（W_L）、塑性指数（I_P）与 Lin 和 Cerato（2012）文献中的美国丹佛地区 HeiDan 膨胀土更为接近，故本次模拟完整土的 SWCC 曲线参考 HeiDan 膨胀土结果，对应的 SWCC 曲线分布如图 6.9 所示。

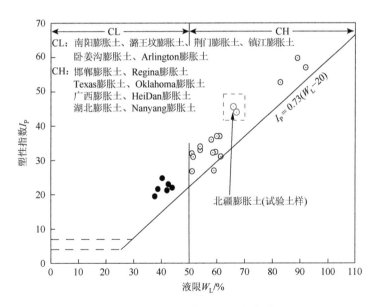

图 6.8　不同地区土体的液限-塑性指数分布

　　上述完整土的 SWCC 曲线可采用 Fredlund & Xing 模型（FX 模型）进行拟合，具体拟合公式如下：

$$\theta=\theta_s\left[1-\frac{\ln(1+\psi/\psi_r)}{\ln(1+10^6/\psi_r)}\right]\left[\frac{1}{\{\ln[e+(\psi/\alpha)^n]\}^m}\right]\tag{6-1}$$

式中，θ 为土体的体积含水率；θ_s 为饱和含水率；ψ 为吸力（kPa）；ψ_r 为残余含水率对应的吸力（kPa）；α 为与进气值有关的拟合参数（kPa）；e 为自然对数（定值）；n 和 m 均为拟合参数，分别影响高吸力状态下土体的孔隙分布及 SWCC 曲线形态。拟合的具体参数如表 6.1 所示。

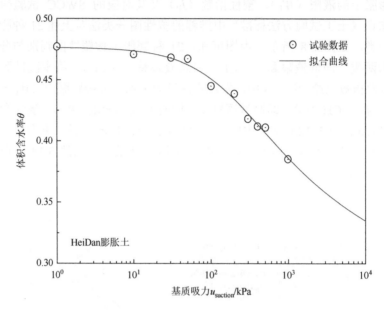

图 6.9　数值模型中完整土的 SWCC 分布（Lin and Cerato，2012）

表 6.1　SWCC 曲线具体拟合参数

进气值 AEV	α/kPa	n	m	ψ_r/kPa	R^2
55	112	1.06	0.23	10	0.99

　　针对第二个问题，含裂隙土的 SWCC 曲线到底如何改变，目前的研究主要集中在以下两个方向：一是从微观角度将土中裂隙看作另一种孔隙，即人为将土中孔隙划分为裂隙及孔隙两个部分，分析其对应的孔径分布特征，进而建立含裂隙的土体 SWCC 表达式，但理论推导过程涉及诸多假设且最终表达式中的参数较多；二是以吴珺华和杨松（2017）为代表的部分学者以试验为基础，通过数据拟合分析方法给出相应的经验公式来实现对含裂隙土 SWCC 曲线的预测。本次试验选择第二种方法，以前人获得的部分经验公式为基础对本次含裂隙土体 SWCC 曲线进行预测。吴珺华和杨松（2017）采用滤纸法分别对完整及含裂隙膨胀土的 SWCC 曲线进行测定，发现两者的分布形态大致相同。同样，袁俊平等（2014）在模拟降雨入渗对含裂隙膨胀土边坡稳定性影响时也采用类似的结论，即假设完整膨胀

土与含裂隙膨胀土的 SWCC 曲线模型参数取值一致。故本次模拟也采用类似结论，即忽略裂隙对 SWCC 曲线形态的影响，模型计算过程中含裂隙偏转土 SWCC 参数取值与完整土相同。

目前常通过土体的 SWCC 曲线参数来对其非饱和状态的强度进行估算。以上文中完整土和裂隙土的 SWCC 曲线参数为基础，参考 Vanapalli 等（1996）提出的简化非饱和土抗剪强度表达式最终估算上述两种土体的非饱和强度，具体如式（6-2）所示：

$$\tau_f = c' + (\sigma - u_a)\tan\varphi' + (u_a - u_w)\left[\left(\frac{\theta_w - \theta_s}{\theta_s - \theta_r}\right)\tan\varphi'\right] \tag{6-2}$$

式中，c' 和 φ' 分别为土体处于饱和状态的有效黏聚力和内摩擦角；$(\sigma - u_a)$ 为净正应力；$(u_a - u_w)$ 为吸力；θ_s 为饱和含水率；θ_w 为体积含水率；θ_r 为残余含水率。同样，上述简化计算模型也可用于对非饱和土渗透性进行估算，这里不做过多陈述。

需要说明的是，目前对土体非饱和强度及渗透系数进行估算的计算公式繁多，但 Vanapalli 提出的简化计算模型具有以下几个特点而被广泛采用：①模型将 SWCC 曲线参数与其非饱和强度及渗透系数直接建立联系，避免了耗时耗力的试验过程；②模型能较好地表征和预测非饱和强度、渗透系数与吸力间的非线性关系；③在使用模型对强度及渗透系数进行预测过程中，仅使用 SWCC 曲线参数，不需要添加其他参数。

（4）饱和强度及渗透系数的赋值。考虑裂隙的存在对膨胀土渠道边坡稳定性造成较大的影响，在实际数值模拟时常采用分层法对膨胀土裂隙边坡强度及渗透指标进行赋值，即先人为按一定标准将含裂隙的膨胀土边坡划分为多层，再将每层对应的强度及渗透指标分别赋值（Zhan and Ng, 2006）。本书也延续这一思路对模型各区域进行赋值。

a. 饱和强度的赋值。如图 6.7 所示，按开裂程度将模型沿深度方向向下依次划分为裂隙贯穿区（h_1）、裂隙渐变区（h_2）及无影响区（h_3），同时定义裂隙影响区域（$h_c = h_1 + h_2$）来表示裂隙对模型土体的影响范围。同时考虑滑动区域后缘张拉裂隙对渠坡稳定性的影响，在模型靠近渠顶位置设置了一条裂隙（主裂隙），主裂隙贯穿 h_c 区域。由于主裂隙的强度可视为零，故这里仅需要对上述三个区域的强度进行赋值，依次为裂隙贯穿区、裂隙渐变区及无影响区。

首先是裂隙贯穿区（h_1）：从上文的裂隙结果可以发现，该区域内的裂隙发育完全且形成了大量的"子土块"，可将"子土块"发生剥落这一过程视为在贯穿区（h_1）区域内发生，则这类"子土块"沿坡面向下滑动的问题与砂土滑动问题较为类似，"子土块"间的强度主要以内摩擦角的形式体现，若采用常规的赋值方法将饱和开裂土体的强度直接赋予裂隙贯穿区（h_1），会高估了该区域土体的强度，造成最终模拟结果偏安全。针对上述问题，模型中通过减小裂隙贯穿区（h_1）内黏聚力的方法实现对该区域"子土块"剥落现象的模拟，选择 Khan 等（2017）模拟中膨胀土边坡浅表层（裂隙发育充分）的黏聚力对裂隙贯穿区的黏聚力进行赋值，而内摩擦角则沿用前文的三轴压缩试验，具体参数见表 6.2。在对裂隙渐变区（h_2）及无影响区（h_3）进行强度赋值时，参考殷宗泽等（2012）对膨胀土裂隙边坡强度指标的分层赋值建议，以三轴压缩试验结果为基础，渐变区（h_2）取初始和最终抗剪强度指标的平均值，即 $0.5(c_f + c_0)$ 和 $0.5(\varphi_f + \varphi_0)$；而无影响区（$h_3$）取初始抗剪强度指标 c_0 和 φ_0。

表 6.2　不同区域渠道膨胀土边坡的抗剪强度指标统计

区域	干湿循环（WD）				湿干冻融耦合循环（WDFT）			
	贯穿区 （h_1）	渐变区 （h_2）	无影响区 （h_3）	主裂隙	贯穿区 （h_1）	渐变区 （h_2）	无影响区 （h_3）	主裂隙
黏聚力 c/kPa	5	28.15	30.3	—	5	25	30.3	—
内摩擦角 φ/(°)	13.49	14.84	16.19	—	12.19	14.19	16.19	—

b. 饱和渗透系数的赋值。同样，模型的饱和渗透系数赋值方式与饱和强度赋值类似，但要考虑主裂隙对渠坡内部渗流场的影响。完整土和含裂隙土的竖向饱和渗透系数可参考 Khan 等（2017）的参数取值，而主裂隙与裂隙土的渗透系数取值一致。Albrecht 和 Benson（2001）通过试验发现，含裂隙土的竖向渗透系数较完整土增加了约 2~3 个数量级，而水平方向渗透性的变化则相对较小；Omidi 等（1996）则认为裂隙的走向对土体的渗透性产生较大影响，主要表现为沿裂隙方向渗透性增加幅度较大，而其余方向则基本不变。故在裂隙影响区域 h_c 考虑含裂隙土渗透的各向异性，即令 $k_z/k_x = 100$，在无影响区则认为渗透各向同性，具体取值可见表 6.3。

表 6.3　不同区域渠道膨胀土边坡的渗透系数统计

区域	干湿循环/湿干冻融耦合循环（WD/WDFT）			
	贯穿区（h_1）	渐变区（h_2）	无影响区（h_3）	主裂隙
竖向渗透系数 $k_{z\,sat}$/(m/d)	2.83×10^{-2}	1.415×10^{-2}	2.83×10^{-4}	2.83×10^{-2}
水平渗透系数 $k_{x\,sat}$/(m/d)	2.83×10^{-4}	2.83×10^{-4}	2.83×10^{-4}	2.83×10^{-4}

这里需要说明的是，湿干及湿干冻融耦合循环作用下土体的开裂程度存在差异，进而对最终的渗透性造成影响，一般表现为后者的渗透系数大于前者；而本次模型中对土体的渗透性进行简化，选择将湿干与湿干冻融耦合循环的边界条件进行等价处理，实际上高估了干湿循环对土体的破坏程度，相同位置的最终渗流计算结果可能偏大。但考虑在上节的饱和强度赋值过程中已对湿干及湿干冻融耦合循环作用下土体的强度进行了区分，故这里认为使用上述渗透性简化方法计算得到的安全系数具有一定的参考性。

（5）模拟方案。由上述可知，停水后膨胀土渠道边坡发生的浅层失稳破坏主要由两种破坏模式共同引起，一种是渠坡表层"子土块"的剥落，另一种则是浅层滑动区域后缘张拉裂隙的生成和拓展。这两种破坏模式共同作用下渠坡的安全系数从本质上讲均是以裂隙贯穿区（h_1）、裂隙渐变区（h_2）及主裂隙深度（h_c）的组合变化为基础，通过对不同区域的土体参数进行赋值而最终计算得到的。

这里参考蔡正银和黄英豪（2015）等关于北疆地区最大冻深的研究成果，首先确定本次模拟中渠坡含裂隙土的深度为 2m，即裂隙贯穿区（h_1）和裂隙渐变区（h_2）之和为 2m。考虑渠坡第一种破坏模式（渠坡表层"子土块"的剥落）的影响范围受裂隙贯穿区（h_1）控制，故将裂隙贯穿区深度（h_1）设为 0.5m、1m 和 1.5m，单独研究第一种破坏模式对膨胀土渠坡稳定性的影响。同样，渠坡的第二种破坏模式（浅层滑动区域后缘张拉裂隙的生成和拓展）则受主裂隙深度（h_c）影响，以北疆地区最大冻深 2m 作为主裂隙的极限深度（$h_{c\,max}$），按 0.5m 的间距递减设置主裂隙深度（h_c）；而渠道的水位下降速率则由停水历时确定，根据 2018 年渠道水位监测资料，渠水位自 9 月 12 日开始下降，至 9 月 24 日完全停水，停水历时 12d，通水时间为 150d；最后按照前文中的模型分区结果按干湿循环和湿干冻融耦合循环的次序依次进行渗透系数和强度的赋值，计算工况为 9 组，共进行 18 次模拟，以工况 1 进行说明，干湿循环情况记为工况 1（WD$_s$），湿干冻融耦合情况即为工况 1（WDFT$_s$），具体设置见表 6.4。

表 6.4　计算工况表（WD$_s$/WDFT$_s$）

工况编号	主裂隙深度 h_c/m	渠道停水历时 t/d	贯穿区深度 h_1/m	渐变区深度 h_2/m
1			0.5	1.5
2	2	12	1	1
3			1.5	0.5
4			0.5	1.5
5	1.5	12	1	1
6			1.5	0.5

工况编号	主裂隙深度 h_c/m	渠道停水历时 t/d	贯穿区深度 h_1/m	渐变区深度 h_2/m
7			0.5	1.5
8	1	12	1	1
9			1.5	0.5

（6）网格剖分及细化。考虑渠坡浅层膨胀土受外部环境边界影响显著，短时间内边界条件的变化也能造成其力学及渗透特性的剧烈改变。为了在数值模拟上能够更好地处理这一问题，需要对浅层土体进行进一步的离散。

图6.10为渠道模拟的网格剖分图。由上节可知，按裂隙发育程度及最终渠道的破坏模式可将模型划分为裂隙贯穿区、裂隙渐变区和无裂隙区三个部分。无裂隙区的网格尺寸为0.5m，共计4375个单元；而在裂隙贯穿区及裂隙渐变区，考虑四边形单元较三角形单元在处理因裂隙导致的渗透系数各向异性上存在优势，故均采用具有垂直方向节点的四边形单元进行加密的网格划分，其中四边形网格沿竖向的尺寸为0.05m。

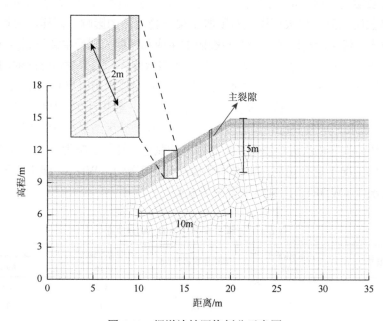

图6.10　渠道边坡网格剖分示意图

6.3.2　数值模拟结果与分析

考虑膨胀土边坡的失稳模式以浅层破坏为主，本次模拟重点关注浅层裂隙区域土体在渠水入渗及停水期间的孔隙水压力相应情况。图 6.11 为模型内部的测点布置图，共计九个测点，沿渠坡表面垂直向下分为三层（层间间距 0.5m），每层三个，记为 U 断面（U1, U2, U3）、M 断面（M1, M2, M3）及 D 断面（D1, D2, D3）。

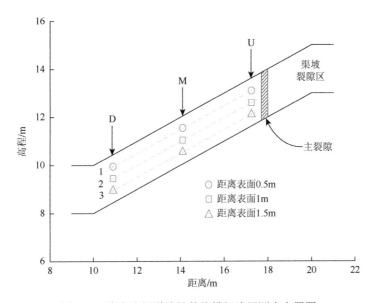

图 6.11　膨胀土渠道边坡数值模拟浅层测点布置图

图 6.12 为不同裂隙贯穿区深度下九个测点的孔隙水压力随时间分布曲线（限于篇幅，仅对主裂隙为 2m 情况下不同裂隙贯穿区深度情况进行分析，即工况 1～3）。由图可知，各个断面孔隙水压力随时间的分布规律类似：随时间的增加，稳定运行期孔压大致呈现出先快速增加并到达峰值，后趋于平稳的变化规律，随后渠道开始进入停水干燥阶段，对应的孔压也逐渐降低。但随着裂隙贯穿区深度（h_1）的增加，不同位置测点的孔压响应却不尽相同。以 U 断面的孔压响应为例进行说明，如图 6.12（a）所示，发现不同深度测点的孔压到达峰值的时间存在较大差异，这主要是由于渠坡主裂隙的存在，渠水最先由主裂隙进入渠身并沿着裂隙边壁向 U 断面进行渗透，也导致了 U1 位置最先开始发生渗透，表现为 U1 位置孔压最先到达峰值。待渠道稳定运行期结束（$t = 150$d），发现工况 1 的孔隙水压力明显高于另外两个工况，且随着测点深度的增加有较大幅度的上升，这说明随着裂隙贯穿区深度增加，渠水逐渐入渗渠坡深部，最终造成渠坡较深区域孔压的增加。

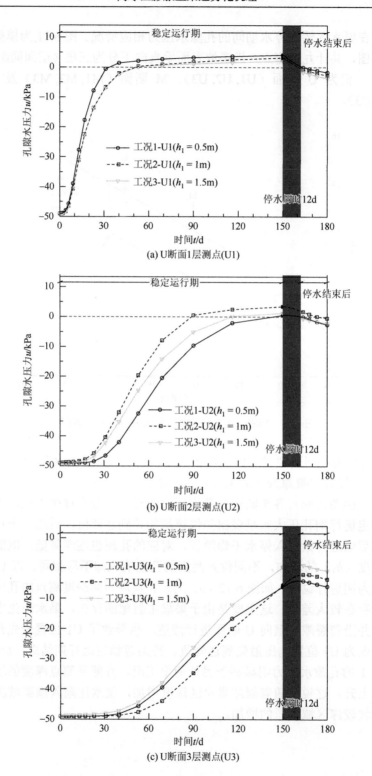

(a) U断面1层测点(U1)

(b) U断面2层测点(U2)

(c) U断面3层测点(U3)

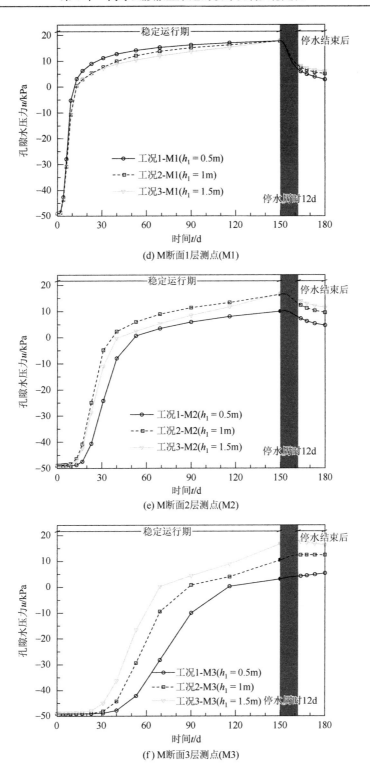

(d) M断面1层测点(M1)

(e) M断面2层测点(M2)

(f) M断面3层测点(M3)

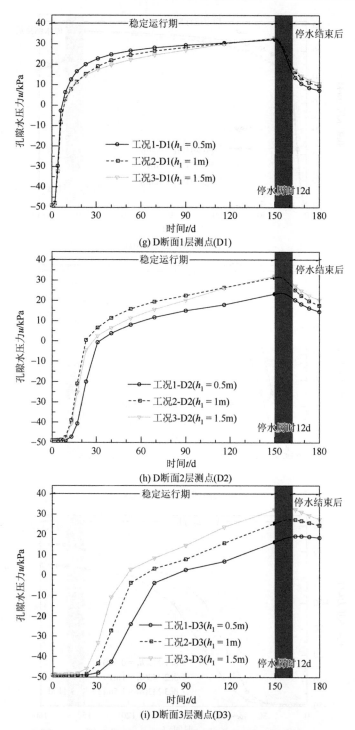

(g) D断面1层测点(D1)

(h) D断面2层测点(D2)

(i) D断面3层测点(D3)

图6.12　裂隙贯穿区深度对膨胀土渠坡渗流特性的影响

随后渠坡进入停水过程，由于工况 1~3 对应的停水历时均为 12d，渠道内部渠水下降较为平缓，故仅在近坡面区域测点（U1、M1 和 D1）出现孔压陡降的现象，其他位置孔压的下降则较为平缓。但对比三个断面的孔压下降幅度，发现在距离渠坡 1.5m 处的三个测点（U3、M3 和 D3）存在随裂隙贯穿区深度增加，孔压的下降幅度也逐渐增大的现象，这说明在停水阶段，裂隙贯穿区深度的增加主要对渠坡较深区域土体产生影响，具体表现为 U3、M3 和 D3 测点孔压的下降。

综上所述，裂隙贯穿区深度对膨胀土边坡渗流特性的影响主要体现在以下两个方面：一是裂隙贯穿区深度的增加加剧了坡面表层土体的孔压波动，在渠道稳定运行初期和停水水位下降期这一现象尤为明显；二是随着裂隙贯穿区深度的增加，距离坡面较深位置土体更易受到渠水位波动的影响。前者主要对渠坡表层土体造成影响，易造成表层"子土块"的剥落；而后者则主要影响渠身内部土体的稳定，使得渠坡浅层土体在后缘张拉裂隙的作用下更易发生失稳破坏。

在计算得到不同裂隙贯穿区深度下膨胀土渠坡渗流场分布的基础上，进一步研究裂隙贯穿区深度对渠坡稳定性的影响。《建筑边坡工程技术规范》（GB50330—2013）中规定，以边坡安全系数为评价指标，边坡的稳定性状态可分为以下四种状态：稳定、基本稳定、欠稳定和不稳定，具体划分如表 6.5 所示。其中，F_s 为边坡稳定性系数；F_{st} 为边坡稳定安全系数，按安全等级可划分为一级、二级和三级，对应 F_{st} 依次为 1.35、1.30 和 1.25。

表 6.5 边坡稳定性状态划分

边坡稳定性	$F_s < 1.0$	$1 \leq F_s < 1.05$	$1.05 \leq F_s < F_{st}$	$F_s > F_{st}$
状态	不稳定	欠稳定	基本稳定	稳定

考虑本次的研究对象为北疆输水渠道，渠道的安全运行对沿线经济影响重大，故将其安全等级设定为一级，取 $F_{st} = 1.35$。因此，在以下分析中，重点考察计算得到的渠坡稳定性系数与 1.05 和 1.35 的大小关系，并对渠坡所处的稳定性状态进行评估。

图 6.13 为湿干及湿干冻融耦合循环作用下工况 1、工况 2 及工况 3 自渠道开始停水后 30d 内的安全系数变化曲线。不同工况对应的安全系数-时间的变化规律类似，均呈现出先快速降低，后趋于稳定的变化规律。首先对干湿循环情况进行分析，在渠道稳定运行结束时刻（$t = 150d$），随着裂隙贯穿区深度的增加，对应的渠坡安全系数呈现出逐渐降低的规律。由上节渗流分析可知，裂隙贯穿区越深，渠水入渗的范围越大，对应的土体由自然重度变为饱和重度，进而导致其滑动力矩增加，最终造成其安全系数的降低。同时裂隙贯穿区深度的增加也会导致土体的抗

剪强度降低，同样也能造成安全系数的减小。随后渠道进入的停水过程，考虑工况
1～3 下渠道的水位下降过程较为平缓（停水历时为 12d），故可认为在渠道停水结
束时刻安全系数达到最低，如图 6.13 所示（朱洵等，2020b）。

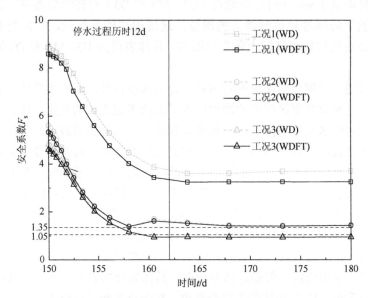

图 6.13　裂隙贯穿区深度对膨胀土渠坡稳定性的影响

　　对渠道停水过程中不同裂隙贯穿区深度对应的安全系数进行分析，当裂隙贯
穿区深度为 0.5m 时，对应的安全系数由 8.87 下降至 3.71，下降幅度约为 60%，
但此时的安全系数仍较大，渠坡可视为稳定；而当裂隙贯穿区深度继续增加至 1m
时，渠道的安全系数由 5.61 降至 1.46，下降幅度达到约 74%，此刻的安全系数接
近一级安全等级阈值（1.35），渠坡虽仍为稳定，但已经具备了失稳的条件；随着
裂隙贯穿区深度进一步增至 1.5m，对应的安全系数下降幅度达到最大（约 79%），
渠坡最终发生失稳破坏。

　　同样，湿干冻融耦合循环作用对应渠坡安全系数的分布规律与干湿循环类似，
但可以发现耦合循环对应的安全系数明显小于干湿循环，此现象在工况 1 中尤为
明显，耦合循环较干湿循环的最大衰减约为 11.2%，对应的时间约为停水过程完成
时刻，这表明在渠道实际降水过程中，即使降水速率相对较慢，但仍需注意停水
完成时刻渠坡可能发生的安全系数骤减的现象；随着裂隙贯穿深度的增加，以上
两种情况安全系数的差异性逐渐降低。

　　进一步对图 6.13 中的安全系数分布进行分析，注意到此处选择的工况种主裂
隙深度为 2m，即为其最大深度（$h_{c\,max}$），对应第二种破坏模式（浅层滑动区域
后缘张拉裂隙的生成和拓展）对渠坡的影响最大。但如图 6.13 所示，当裂隙贯

穿区深度（h_1）为 0.5m 时，对应渠坡的安全系数始终较高，随着裂隙贯穿区深度的增加，渠坡安全系数急剧降低并最终进入失稳状态，故可认为边坡的浅层失稳破坏主要由第一种破坏形式（"子土块"剥落）决定，即第二种破坏模式（后缘张拉裂隙的生成和拓展）对渠坡的失稳起到促进作用，而第一种破坏形式则起到决定性作用。

　　同时，上述关于不同裂隙贯穿区深度对应渠坡安全系数的分析表明，存在一个裂隙贯穿区深度安全区间，在此区间内裂隙贯穿区深度的增加，对应的渠坡安全系数下降明显，但渠坡整体仍能视为安全，而超过了这个安全区间，渠坡将发生失稳。考虑本次模拟中假设的裂隙影响范围（h_c）是 2m，故可认为针对工况1~3 模型浅层裂隙贯穿区深度安全区间为裂隙影响范围的 50%，即当裂隙贯穿区深度在 0~50% h_c 范围内时，工况 1~3 模型稳定，当裂隙贯穿区深度超过这一区间时，可认为模型处于失稳状态。

参 考 文 献

包承纲. 2004. 非饱和土的性状及膨胀土边坡稳定问题[J]. 岩土工程学报, 26（1）：1-15.

蔡正银, 黄英豪. 2015. 咸寒区渠道冻害评估与处治技术[M]. 北京：科学出版社.

蔡正银, 朱洵, 黄英豪, 等. 2019a. 冻融过程对膨胀土裂隙演化特征的影响[J]. 岩土力学, 40（12）：4555-4563.

蔡正银, 朱洵, 黄英豪, 等. 2019b. 湿干冻融耦合循环作用下膨胀土裂隙演化规律[J]. 岩土工程学报, 41（8）：1381-1389.

柴波, 殷坤龙, 简文星, 等. 2009. 红层水岩作用特征及库岸失稳过程分析[J]. 中南大学学报（自然科学版）, 40（4）：1092-1098.

常丹, 刘建坤, 李旭, 等. 2014. 冻融循环对青藏粉砂土力学性质影响的试验研究[J]. 岩石力学与工程学报, 33：1496-1502.

陈生水, 郑澄锋, 王国利. 2007. 膨胀土边坡长期强度变形特性和稳定性研究[J]. 岩土工程学报, 29（6）：795-799.

程明书, 汪时机, 毛新, 等. 2016. 结构性损伤膨胀土三轴加载下的裂隙形态及力学表征[J]. 岩土工程学报, 38（s2）：73-78.

程永辉, 程展林, 张元斌. 2011. 降雨条件下膨胀土边坡失稳机理的离心模型试验研究[J]. 岩土工程学报, 33（S1）：416-421.

程展林, 龚壁卫. 2015. 膨胀土边坡[M]. 北京：科学出版社.

戴张俊, 陈善雄, 罗红明, 等. 2013. 非饱和膨胀土/岩持水与渗透特性试验研究[J]. 岩土力学, 34（S1）：134-141.

邓华锋, 肖瑶, 方景成, 等. 2017. 干湿循环作用下岸坡消落带土体抗剪强度劣化规律及其对岸坡稳定性影响研究[J]. 岩土力学, 38（9）：2629-2638.

邓铭江. 2005. 新疆水资源及可持续利用[M]. 北京：中国水利水电出版社.

邓铭江, 李湘权, 龙爱华, 等. 2011. 支撑新疆经济社会跨越式发展的水资源供需结构调控分析[J]. 干旱区地理, 34（3）：379-390.

丁金华. 2014. 膨胀土边坡浅层失稳机理及土工格栅加固处理研究[D]. 杭州：浙江大学.

丁金华, 陈仁朋, 童军, 等. 2015. 基于多场耦合数值分析的膨胀土边坡浅层膨胀变形破坏机制研究[J]. 岩土力学,（s1）：159-168.

冯德成, 林波, 张锋, 等. 2017. 冻融作用对土的工程性质影响的研究进展[J]. 中国科学：技术科学,（2）：5-21.

龚壁卫, 程展林, 胡波, 等. 2014. 膨胀土裂隙的工程特性研究[J]. 岩土力学, 35（7）：1825-1830.

胡耘, 张嘎, 张建民, 等. 2010. 离心场中土体图像采集与位移测量系统的研制与应用[J]. 岩土力学, 31（3）：998-1002.

黄英豪, 蔡正银, 张晨, 等. 2015. 渠道冻胀离心模型试验设备的研制[J]. 岩土工程学报, 37（4）：615-621.

姜昕，朱瑞军.2000.新疆水资源与新疆经济的可持续发展[J].新疆大学学报（自然科学版），17（1）：87-91.

孔令伟，陈建斌，郭爱国，等.2007.大气作用下膨胀土边坡的现场响应试验研究[J].岩土工程学报，29（7）：1065-1073.

黎伟，刘观仕，汪为巍，等.2014.湿干循环下压实膨胀土裂隙扩展规律研究[J].岩土工程学报，36（7）：1302-1308.

李安国.2000.我国渠道防渗工程技术综述[J].水利与建筑工程学报，6（1）：1-4.

李京爽，邢义川，侯瑜京.2008.离心模型中测量基质吸力的微型传感器[J].中国水利水电科学研究院学报，6（2）：136-143.

李黎，曹明莉.2018.混杂纤维增强水泥基复合材料弯曲韧性与纤维增强指数的定量关系[J].复合材料学报，35（5）：1349-1353.

李新明，孔令伟，郭爱国.2014.基于工程包边法的膨胀土抗剪强度干湿循环效应试验研究[J].岩土力学，35（3）：675-682.

李雄威，孔令伟，郭爱国.2009a.气候影响下膨胀土工程性质的原位响应特征试验研究[J].岩土力学，30（7）：2069-2074.

李雄威，孔令伟，郭爱国.2009b.膨胀土堑坡雨水入渗速率的影响因素与相关性分析[J].岩土力学，30（5）：1291-1296.

李雄威，王爱军，王勇，等.2014.持续蒸发作用下膨胀土裂隙和湿热特性室内模型试验[J].岩土力学，（s1）：141-148.

李学军，费良军，任之忠.2007.大型U型渠道渠基季节性冻融水分运移特性研究[J].水利学报，38（11）：1383-1387.

李志清，余文龙，付乐，等.2010.膨胀土胀缩变形规律与灾害机制研究[J].岩土力学，（s2）：270-275.

梁波，张贵生，刘德仁.2006.冻融循环条件下土的融沉性质试验研究[J].岩土工程学报，28（10）：1213-1217.

刘寒冰，张互助，王静.2018.冻融及含水率对压实黏质土力学性质的影响[J].岩土力学，39（1）：158-164.

刘慧，杨更社，贾海梁，等.2016.裂隙（孔隙）水冻结过程中岩石细观结构变化的实验研究[J].岩石力学与工程学报，35（12）：2516-2524.

刘静德.2010.膨胀力对膨胀土边坡稳定影响研究[D].武汉：长江科学院.

刘文化，杨庆，孙秀丽，等.2017.干湿循环条件下干燥应力历史对粉质黏土饱和力学特性的影响[J].水利学报，48（2）：203-209.

刘小川.2017.降雨诱发非饱和土边坡浅层失稳离心模型试验及分析方法[D].杭州：浙江大学.

刘振亚，刘建坤，李旭，等.2017.非饱和粉质黏土冻结温度和冻结变形特性试验研究[J].岩土工程学报，39（8）：1381-1387.

卢再华，陈正汉，蒲毅彬.2002.膨胀土干湿循环胀缩裂隙演化的CT试验研究[J].岩土力学，23（4）：417-422.

陆定杰，陈善雄，罗红明，等.2014.南阳膨胀土渠道滑坡破坏特征与演化机制研究[J].岩土力学，（1）：189-196.

吕海波，曾召田，赵艳林.2009.膨胀土强度干湿循环试验研究[J].岩土力学，30（12）：3797-3802.

吕海波，曾召田，葛若东. 2013a. 胀缩性土抗拉强度试验研究[J]. 岩土力学，34（3）：615-620.

吕海波，曾召田，赵艳林. 2013b. 胀缩性土强度衰减曲线的函数拟合[J]. 岩土工程学报，35（s2）：157-162.

马巍，王大雁. 2014. 冻土力学[M]. 北京：科学出版社.

缪林昌，刘松玉. 2002. 南阳膨胀土的水分特征和强度特性研究[J]. 水利学报，33（7）：87-92.

穆彦虎，马巍，李国玉，等. 2011. 冻融作用对压实黄土结构影响的微观定量研究[J]. 岩土工程学报，33（12）：1919-1925.

钮新强，蔡耀军，谢向荣，等. 2015. 南水北调中线膨胀土边坡变形破坏类型及处理[J]. 人民长江，46（3）：1-4, 26.

齐道坤，潘燕敏，张亮. 2019. 微观结构对膨胀土土水特征曲线的影响[J]. 长江科学院院报，1（9）：1-6.

齐吉琳，程国栋，Vermeer P A. 2005. 冻融作用对土工程性质影响的研究现状[J]. 地球科学进展，20（8）：887-894.

钱家欢，殷宗泽. 1996. 土工原理与计算[M]. 北京：中国水利水电出版社.

饶锡保，陈云，曾玲. 2002. 膨胀土渠道边坡稳定性离心模型试验及有限元分析[J]. 长江科学院院报，19（s1）：105-107.

桑国庆. 2012. 基于动态平衡的梯级泵站输水系统优化运行及控制研究[D]. 济南：山东大学.

沈珠江，米占宽. 2004. 膨胀土渠道边坡降雨入渗和变形耦合分析[J]. 水利水运工程学报，（3）：7-11.

石北啸，陈生水，韩华强，等. 2014. 考虑吸力变化的膨胀土边坡破坏规律分析[J]. 水利学报，45（12）：1499-1505.

苏谦，唐第甲，刘深. 2008. 青藏斜坡黏土冻融循环物理力学性质试验[J]. 岩石力学与工程学报，27（s1）：2990-2994.

谭罗荣，孔令传. 2006. 特殊岩土工程土质学[M]. 北京：科学出版社.

唐朝生，施斌，刘春，等. 2007. 黏性土在不同温度下干缩裂缝的发展规律及形态学定量分析[J]. 岩土工程学报，29（5）：743-749.

唐朝生，崔玉军，TANG Anh-Minh，等. 2011. 土体干燥过程中的体积收缩变形特征[J]. 岩土工程学报，33（8）：1271-1279.

唐朝生，施斌，崔玉军. 2018. 土体干缩裂隙的形成发育过程及机理[J]. 岩土工程学报，40（8）：1415-1423.

汪明武，赵奎元，张立彪. 2014. 基于联系期望的膨胀土和改良土胀缩性评价模型[J]. 岩土工程学报，36（8）：1553-1557.

王宝军，施斌，唐朝生. 2007. 基于 GIS 实现黏性土颗粒形态的三维分形研究[J]. 岩土工程学报，29（2）：309-312.

王大雁，马巍，常小晓，等. 2005. 冻融循环作用对青藏黏土物理力学性质的影响[J]. 岩石力学与工程学报，24（23）：4313-4319.

王静，刘寒冰，吴春利. 2012. 冻融循环对不同塑性指数路基土弹性模量的影响研究[J]. 岩土力学，33（12）：3665-3688.

王媛，冯迪，陈尚星，等. 2013. 基于分维数的土体裂隙表征单元体估算[J]. 岩土力学，34（10）：2774-2780.

吴珺华, 杨松. 2017. 滤纸法测定干湿循环下膨胀土基质吸力变化规律[J]. 农业工程学报, 33 (15): 126-132.

谢和平. 1992. 分形几何及其在岩土力学中的应用[J]. 岩土工程学报, 14 (1): 14-24.

辛凌, 刘汉龙, 沈扬, 等. 2010. 废弃轮胎橡胶颗粒轻质混 合土强度特性试验研究[J]. 岩土工程学报, 32 (3): 428-433.

辛志宇, 谭晓慧, 胡娜, 等. 2014. 膨胀土胀缩性指标的试验研究及变异性分析[J]. 广西大学学报 (自然科学版), 39 (001): 124-131.

邢义川, 李京爽, 杜秀文. 2010. 膨胀土地基增湿变形的离心模型试验研究[J]. 西北农林科技大学学报 (自然科学版), (9): 229-234.

徐彬, 殷宗泽, 刘述丽. 2011. 膨胀土强度影响因素与规律的试验研究[J]. 岩土力学, 32 (1): 44-50.

徐光明, 王国利, 顾行文, 等. 2006. 雨水入渗与膨胀性土边坡稳定性试验研究[J]. 岩土工程学报, 28 (2): 270-273.

许健, 王掌权, 任建威, 等. 2016. 原状黄土冻融过程渗透特性试验研究[J]. 水利学报, 47 (9): 1208-1217.

许雷, 刘斯宏, 鲁洋, 等. 2016. 冻融循环下膨胀土物理力学特性研究[J]. 岩土力学, 37 (s2): 167-174.

许锡昌, 周伟, 陈善雄. 2015. 南阳重塑中膨胀土脱湿全过程裂隙开裂特征及影响因素分析[J]. 岩土力学, 36 (9): 2569-2575.

薛燕, 韩萍, 冯国华. 2003. 半个世纪以来新疆降水和气温的变化趋势[J]. 干旱区研究, 20 (2): 127-130.

杨和平, 王兴正, 肖杰. 2014. 干湿循环效应对南宁外环膨胀土抗剪强度的影响[J]. 岩土工程学报, 36 (5): 949-954.

阴琪翔, 周国庆, 赵晓东, 等. 2015. 双向冻结-单向融化土压缩性及水分迁移试验研究[J]. 岩土力学, 36: 1022-1034.

殷宗泽, 袁俊平, 韦杰, 等. 2012. 论裂隙对膨胀土边坡稳定性的影响[J]. 岩土工程学报, 34 (12): 2155-2161.

袁俊平, 殷宗泽. 2004. 膨胀土裂隙的量化指标与强度性质研究[J]. 水利学报, 35 (6): 108-113.

袁俊平, 丁巍, 蔺彦玲. 2014. 浸水历时对裂隙膨胀土渗透性的影响[J]. 水利与建筑工程报, 12 (1): 83-86.

袁俊平, 蔺彦玲, 丁鹏, 等. 2016. 裂隙诱导各向异性对边坡降雨入渗的影响[J]. 岩土工程学报, 38 (01): 76-82.

曾志雄, 孔令伟, 李晶晶, 等. 2018. 干湿-冻融循环下延吉膨胀岩的力学特性及其应力-应变归一化[J]. 岩土力学, 39 (8): 2895-2904.

查甫生, 王连斌, 刘晶晶, 等. 2016. 高钙粉煤灰固化重金属污染土的工程性质试验研究[J]. 岩土力学, (s1): 249-254.

詹良通, 吴宏伟, 包承纲, 等. 2003. 降雨入渗条件下非饱和膨胀土边坡原位监测[J]. 岩土力学, 24 (2): 151-158.

张晨, 蔡正银, 黄英豪, 等. 2016. 输水渠道冻胀离心模拟试验[J]. 岩土工程学报, 38 (1): 109-117.

张家俊, 龚壁卫, 胡波, 等. 2011. 干湿循环作用下膨胀土裂隙演化规律试验研究[J]. 岩土力学,

32（9）：2729-2734.

张全胜，杨更社，任建喜. 2003. 岩石损伤变量及本构方程的新探讨[J]. 岩石力学与工程学报，22（1）：30-34.

张英，邴慧，杨成松. 2015. 基于 SEM 和 MIP 的冻融循环对粉质黏土强度影响机制研究[J]. 岩石力学与工程学报，（s1）：3597-3603.

张玉进，刘玉甫，吴健军，等. 2004. 新疆水资源分布及绿洲水资源开发利用探讨[J]. 水土保持研究，11（3）：157-159.

张泽，马巍，齐吉琳. 2013. 冻融循环作用下土体结构演化规律及其工程性质改变机理[J]. 吉林大学学报，43（6）：1904-1914.

赵刚，陶夏新，刘兵. 2009. 原状土冻融过程中水分迁移试验研究[J]. 岩土工程学报，31（12）：1952-1957.

赵立业，薛强，万勇，等. 2016. 干湿循环作用下高低液限黏土防渗性能对比研究[J]. 岩土力学，37（2）：446-452.

郑澄锋，陈生水，王国利，等. 2008. 干湿循环下膨胀土边坡变形发展过程的数值模拟[J]. 水利学报，39（12）：1360-1364.

郑剑锋，马巍，赵淑萍，等. 2008. 重塑土室内制样技术对比研究[J]. 冰川冻土，30（3）：494-500.

郑郧，马巍，邴慧. 2015. 冻融循环对土结构性影响的试验研究及影响机制分析[J]. 岩土力学，36（5）：1282-1287.

中华人民共和国住房和城乡建设部，中华人民共和国国家质量监督检验检疫总局. 2012. 膨胀土地区建筑技术规范（GB 50112—2013）[S]. 北京：中国建筑工业出版社.

中华人民共和国住房和城乡建设部，国家市场监督管理总局. 2019. 土工试验方法标准（GB/T 50123—2019）[S]. 北京：中国计划出版社.

中华人民共和国住房和城乡建设部，中华人民共和国国家质量监督检验检疫总局. 2010. 渠道防渗工程技术规范（GB/T 50600—2010）[S]. 北京：中国计划出版社.

周葆春，孔令伟. 2011. 考虑体积变化的非饱和膨胀土土水特征[J]. 水利学报，42（10）：1152-1160.

周家作，谭龙，韦昌富，等. 2015. 土的冻结温度与过冷温度试验研究[J]. 岩土力学，36（3）：777-785.

朱洵，蔡正银，黄英豪，等. 2019. 湿干冻融耦合循环作用下膨胀土力学特性及损伤演化规律研究[J]. 岩石力学与工程学报，38（6）：1233-1241.

朱洵，蔡正银，黄英豪，等. 2020a. 湿干冻融耦合循环及干密度对膨胀土力学特性影响的试验研究[J]. 水利学报，51（3）：286-294.

朱洵，李国英，蔡正银，等. 2020b. 湿干循环下膨胀土渠道边坡的破坏模式及稳定性[J]. 农业工程学报，36（4）：159-167.

邹维列，王钊，陈春红. 2009. 玻璃钢螺旋锚用于稳定膨胀土渠坡的现场拉拔试验和锚筋的破坏形式[J]. 岩土工程学报，31（6）：970-974.

Abedine A Z E，Robinson G H. 1971. A study on cracking in some Vertisols of the Sudan[J]. Geoderma，5（3）：229-241.

Albrecht B A，Benson C H. 2001. Effect of desiccation on compacted natural clays[J]. Journal of Geotechnical and Geoenvironmental Engineering，127（1）：67-75.

Al-Omari A，Beck K，Brunetaud X，et al. 2015. Critical degree of saturation: a control factor of freeze-thaw damage of porous limestones at Castle of Chambord, France[J]. Engineering Geology, 185: 71-80.

Andersland O B, Al-Moussawi H M. 1987. Crack formation in soil landfill covers due to thermal contraction[J]. Waste Management & Research, 5 (5): 445-452.

Andersland O B, Ladanyi B. 1994. An Introduction to Frozen Ground Engineering[M]. New York: Springer US.

Arenson L U, Azmatch T F, Sego D C, et al. 2008. A new hypothesis on ice lens formation in frost-susceptible soils[C]. Proceedings of the Ninth International Conference on Permafrost, Fairbanks, Alaska 1: 59-64.

Aubert J E, Gasc-Barbier M. 2012. Hardening of clayey soil blocks during freezing and thawing cycles[J]. Applied Clay Science, 65-66 (9): 1-5.

Bai F Q, Liu S. 2012. Measurement of the shear strength of an expansive soil by combining a filter paper method and direct shear tests[J]. Geotechnical Tseting Journal, 35 (3): 451-459.

Bai W, Kong L, Guo A, et al. 2014. Swell-shrinking deformation of fissured lateritic soil in wetting-drying[C]. Soil Behavior and Geomechanics. ASCE: 92-99.

Bandyopadhyay K K, Mohanty M, Painuli D K, et al. 2003. Influence of tillage practices and nutrient management on crack parameters in a Vertisol of central India[J]. Soil & Tillage Research, 71 (2): 133-142.

Benson C H, Boutwell G P. 2000. Compaction conditions and scale dependent hydraulic conductivity of compacted clay liners[C]. ASTM STP, 1384: 254-273.

Bhushan L, Sharma P K. 2002. Long-term effects of lantana (*Lantana*, spp. L.) residue additions on soil physical properties under rice-wheat cropping: I. Soil consistency, surface cracking and clod formation[J]. Soil & Tillage Research, 65 (2): 157-167.

Chamberlain E J, Gow A J. 1979. Effect of freezing and thawing on the permeability and structure of soils[J]. Engineering Geology, 13 (1): 73-92.

Chen W, Zhang Y, Cihlar J, et al. 2003. Changes in soil temperature and active layer thickness during the twentieth century in a region in western Canada[J]. Journal of Geophysical Research Atmospheres, 108 (D22): 2025-2041.

Cheng Z, Ding J, Rao X, et al. 2014. Physical model tests of expansive soil slope[J]. Chinese Journal of Geotechnical Engineering, 36 (4): 716-723.

Corke P I. 2002. A robotics toolbox for MATLAB[J]. IEEE Robotics & Automation Magazine, 3 (1): 24-32.

Cui Z D, He P P, Yang W H. 2014. Mechanical properties of a silty clay subjected to freezing-thawing[J]. Cold Regions Science & Technology, 98: 26-34.

Dagesse D F. 2010. Freezing-induced bulk soil volume changes[J]. Canadian Journal of Soil Science, 90 (3): 389-401.

Decarlo K F, Shokri N. 2014. Salinity effects on cracking morphology and dynamics in 3-D desiccating clays[J]. Water Resources Research, 50 (4): 3052-3072.

Donkor P, Obonyo E. 2016. Compressed soil blocks: Influence of fibers on flexural properties and failure mechanism[J]. Construction and Building Materials, 121: 25-33.

Doube M, Kłosowski M M, Arganda-Carreras I, et al. 2010. BoneJ: Free and extensible bone image analysis in ImageJ[J]. Bone, 47 (6): 1076-1079.

Dyer M, Utili S, Zielinski M. 2009. Field survey of desiccation fissuring of flood embankments[J]. Water Management, 162 (3): 221-232.

Elmashad M E, Ata A A. 2016. Effect of seawater on consistency, infiltration rate and swelling characteristics of montmorillonite clay[J]. Hbrc Journal, 12 (2): 175-180.

Fredlund, D G, Houston S L, Nguyen Q, et al. 2010. Moisture movement through cracked clay soil profiles[J]. Geotechnical and Geological Engineering, 28: 865-888.

Gantzer C J, Anderson S H. 2002. Computed tomographic measurement of macrporosity in chisel-disk and no-tillage seedbeds[J]. Soil & Tillage Research, 64 (1): 101-111.

Gebrenegus T, Ghezzehei T A, Tuller M. 2011. Physicochemical controls on initiation and evolution of desiccation cracks in sand-bentonite mixtures: X-ray CT imaging and stochastic modeling[J]. Journal of Contaminant Hydrology, 126 (1): 100-112.

Ghazavi M, Roustaei M. 2013. Freeze-thaw performance of clayey soil reinforced with geotextile layer[J]. Cold Regions Science & Technology, 89 (7): 22-29.

Harris S A, French H M, Heginbottom J A, et al. 1988. Glossary of Permafrost and Related Ground-Ice Terms[J]. Arctic & Alpine Research, 21 (2): 100-111.

Hassn A, Chiarelli A, Dawson A, et al. 2016. Thermal properties of asphalt pavements under dry and wet conditions[J]. Materials & Design, 91: 432-439.

Hight D W, Burland J B, Georgiannou V N. 1990. The undrained behaviour of clayey sands in triaxial compression and extension[J]. Géotechnique, 40 (3): 431-449.

Hotineanu A, Bouasker M, Aldaood A, et al. 2015. Effect of freeze-thaw cycling on the mechanical properties of lime-stabilized expansive clays[J]. Cold Regions Science & Technology, 119: 151-157.

Iassonov P, Gebrenegus T, Tuller M. 2009. Segmentation of X-ray computed tomography images of porous materials: a crucial step for characterization and quantitative analysis of pore structures[J]. Water Resources Research, 45 (W09415): 706-715.

Ito M, Azam S. 2013. Engineering properties of a vertisolic expansive soil deposit[J]. Engineering Geology, 152 (1): 10-16.

Jia H, Xiang W, Krautblatter M. 2015. Quantifying rock fatigue and decreasing compressive and tensile strength after repeated freeze-thaw cycles[J]. Permafrost and Periglacial Processes, 26 (4): 368-377.

Johnsson H, Thunholm B, Lundin L C. 1995. Experimental system for one-dimensional freezing of undisturbed soil profiles[J]. Soil Technology, 7 (4): 319-325.

Julina M, Thyagaraj T. 2018. Quantification of desiccation cracks using X-ray tomography for tracing shrinkage path of compacted expansive soil[J]. Acta Geotechnica, 11: 1-22.

Kestener P, Arneodo A. 2003. Three-dimensional wavelet-based multifractal method: the need for revisiting the multifractal description of turbulence dissipation data[J]. Physical Review Letters, 91 (19): 194501.

Khan M S, Hossain S, Ahmed A, et al. 2017. Investigation of a shallow slope failure on expansive clay in Texas[J]. Engineering Geology, 219: 118-129.

Kishné A S, Morgan C L S, Ge Y, et al. 2010. Antecedent soil moisture affecting surface cracking of a Vertisol in field conditions[J]. Geoderma, 157 (3): 109-117.

Kitazume M, Takeyama T. 2013. Centrifuge model tests on influence of slope height on stability of soft clay slope[C]. Stability and Performance of Slopes and Embankments III. ASCE: 2094-2097.

Kong L W, Zeng Z X, Bai W, et al. 2018. Engineering geological properties of weathered swelling mudstones and their effects on the landslides occurrence in the Yanji section of the Jilin-Hunchun high-speed railway[J]. Bulletin of Engineering Geology and the Environment, 77 (4): 1491-1503.

Kong Q, Wang R, Song G, et al. 2014. Monitoring the soil freeze-thaw process using piezoceramic-based smart aggregate[J]. J Cold Reg Eng, 28 (2): 971-984.

Konrad J M. 1989. Effect of freeze-thaw cycles on the freezing characteristics of a clayey silt at various overconsolidation ratios[J]. Canadian Geotechnical Journal, 26 (26): 217-226.

Konrad J M. 2010. Hydraulic conductivity changes of a low-plasticity till subjected to freeze-thaw cycles[J]. Géotechnique, 60 (9): 679-690.

Konrad J M, Morgenstern N R. 1981. The segregation potential of a freezing soil[J]. Canadian Geotechnical Journal, 18 (4): 482-491.

Konrad J M, Ayad R. 1997. Desiccation of a sensitive clay: field experimental observations[J]. Canadian Geotechnical Journal, 34 (34): 929-942.

Kung S K J, Steenhuis T S. 1986. Heat and moisture transfer in a partly frozen nonheaving soil1[J]. Soilence Society of America Journal, 50 (5): 1114-1122.

Ladanyi B, Shen M. 1987. Modelling of coupled heat, moisture and stress field in freezing soil[J]. Cold Regions Science & Technology, 14 (3): 237-246.

Lai Y, Pei W, Zhang M, et al. 2014. Study on theory model of hydro-thermal-mechanical interaction process in saturated freezing silty soil[J]. International Journal of Heat & Mass Transfer, 78: 805-819.

Lee W, Bohra N C, Altschaeff A G, et al. 1997. Resilient modulus of cohesive soils[J]. Journal of Geotechnical and Geoenvironmental Engineering, 123 (2): 131-136.

Lemaitre J. 1996. A Course on Damage Mechanics[M]. Berlin: Springer-Verlag.

Li G Y, Wang F, Ma W, et al. 2018. Variations in strength and deformation of compacted loess exposed to wetting-drying and freeze-thaw cycles[J]. Cold Regions Science and Technology, 151: 159-167.

Li J H, Zhang L M. 2010. Geometric parameters and REV of a crack network in soil[J]. Computers & Geotechnics, 37 (4): 466-475.

Li J H, Lu Z, Guo L B, et al. 2017. Experimental study on soil-water characteristic curve for silty clay with desiccation cracks[J]. Engineering Geology, 218: 70-76.

Li J H, Zhang L M, Wang Y, et al. 2009. Permeability tensor and REV of saturated cracked soil[J]. Canadian Geotechnical Journal, 46 (8): 928-942.

Lin B, Cerato A B. 2012. Investigation on soil-water characteristic curves of untreated and stabilized highly clayey expansive soils[J]. Geotechnical and Geological Engineering, 30 (4): 803-812.

Ling H, Ling H I. 2012. Centrifuge model simulations of rainfall-induced slope instability[J]. Journal of Geotechnical and Geoenvironmental Engineering, 138 (9): 1151-1157.

Ling H I, Wu M H, Leshchinsky D, et al. 2009. Centrifuge modeling of slope instability[J]. Journal of Geotechnical and Geoenvironmental Engineering, 135 (6): 758-767.

Liu J K, Peng L Y. 2009. Experimental study on the unconfined compression of a thawing soil[J]. Cold Regions Science & Technology, 58 (1): 92-96.

Liu J, Chang D, Yu Q. 2016. Influence of freeze-thaw cycles on mechanical properties of a silty sand[J]. Engineering Geology, 210: 23-32.

Loch J P G, Kay B D. 1978. Water redistribution in partially frozen, saturated silt under several temperature gradients and overburden loads[J]. Soil Science Society of America Journal, 42 (3): 400-406.

Low P F, Anderson D M, Hoekstra P. 1968. Some thermodynamic relationships for soils at or below the freezing point: 1. Freezing point depression and heat capacity[J]. Water Resources Research, 4 (4): 379-394.

Lu T H, Wu J H, Yang S, et al. 2013. Study on Mechanism of Expansive Soil Slope Failure and Numerical Simulation[C]. Pavement and Geotechnical Engineering for Transportation. ASCE: 162-174.

Lu Y, Liu S, Weng L, et al. 2016. Fractal analysis of cracking in a clayey soil under freeze-thaw cycles[J]. Engineering Geology, 208: 93-99.

Luo L, Lin H, Halleck P. 2008. Quantifying soil structure and preferential flow in intact soil using X-ray computed tomography[J]. Soil Science Society of America Journal, 72 (4): 1058-1069.

Mandelbrot B B. 1983. The Fractal Geometry of Nature[M]. New York: Henry Holt and Company.

Morgenstern N R, Price V E. 1965. The analysis of the stability of general slip surfaces[J]. Geotechnique, 15 (1): 79-93.

Morris P H, Graham J, Williams D. 1992. Cracking in drying soils[J]. Canadian Geotechnical Journal, 29 (1): 263-277.

Mukunoki T, Nakano T, Otani J, et al. 2014. Study of cracking process of clay cap barrier in landfill using X-ray CT[J]. Applied Clay Science, 101: 558-566.

Murray H H. 2000. Traditional and new applications for kaolin, smectite, and palygorskite: a general overview[J]. Applied Clay Science, 17 (5-6): 207-221.

Nahlawi H, Kodikara J K. 2006. Laboratory experiments on desiccation cracking of thin soil layers[J]. Geotechnical & Geological Engineering, 24 (6): 1641-1664.

Najm M R A, Jabro J D, Iversen W M, et al. 2010. New method for the characterization of three-dimensional preferential flow paths in the field[J]. Water Resources Research, 46 (46): W02503.

Nian T K, Luan M T, Yang Q, et al. 2008. Limit analysis of the stability of slopes reinforced with piles against landslide in nonhomogeneous and anisotropic soils[J]. Canadian Geotechnical Journal, 45 (8): 1092-1103.

Norrish K. 1954. The swelling of montmorillonite[J]. Discussions of the Faraday Society, 18 (18): 120-134.

Nowamooz H. 2014. Effective stress concept on multi-scale swelling soils[J]. Applied Clay Science, 101: 205-214.

Omidi G H, Thomas J C, Brown K W. 1996. Effect of desiccation cracking on the hydraulic conductivity of a compacted clay liner[J]. Water, Air and Soil Pollution, 89 (1): 91-103.

Othman M A, Benson C H. 1993. Effect of freeze-thaw on the hydraulic conductivity and morphology of compacted clay[J]. Can Geotech J, 30: 236-246.

Park D S, Kutter B L. 2012. Centrifuge tests for artificially cemented clay slopes[C]. State of the Art and Practice in Geotechnical Engineering. ASCE: 2027-2036.

Peron H, Hueckel T, Laloui L, et al. 2009. Fundamentals of desiccation cracking of fine-grained soils: experimental characterisation and mechanisms identification[J]. Canadian Geotechnical Journal, 46 (10): 1177-1201 (25).

Puppala A J, Punthutaecha K, Vanapalli S K. 2006. Soil-water characteristic curves of stabilized expansive soils[J]. Journal of Geotechnical and Geoenvironmental Engineering, 132 (6): 736-751.

Puppala A J, Manosuthikij T, Chittoori B C S. 2013. Swell and shrinkage characterizations of unsaturated expansive clays from Texas[J]. Engineering Geology, 164: 187-194.

Qi J, Wei M, Song C. 2008. Influence of freeze-thaw on engineering properties of a silty soil[J]. Cold Regions Science & Technology, 53 (3): 397-404.

Qi J, Vermeer P A, Cheng G. 2010. A review of the influence of freeze-thaw cycles on soil geotechnical properties[J]. Permafrost & Periglacial Processes, 17 (3): 245-252.

Qi S, Vanapalli S K. 2015. Hydro-mechanical coupling effect on surficial layer stability of unsaturated expansive soil slopes[J]. Computers and Geotechnics, 70: 68-82.

Ray R L, Jacobs J M, de Alba P. 2010. Impacts of unsaturated zone soil moisture and groundwater table on slope instability[J]. Journal of Geotechnical and Geoenvironmental Engineering, 136 (10): 1448-1458.

Rayhani M H, Yanful E K, Fakher A. 2007. Desiccation-induced cracking and its effect on the hydraulic conductivity[J]. Canadian Geotechnical Journal, 44 (3): 276-283.

Rayhani M H T, Yanful E K, Fakher A. 2008. Physical modeling of desiccation cracking in plastic soils[J]. Engineering Geology, 97 (1-2): 25-31.

Ringrose-Voase A J, Sanidad W B. 1996. A method for measuring the development of surface cracks in soils: application to crack development after lowland rice[J]. Geoderma, 71 (3): 245-261.

Rossi A M, Hirmas D R, Graham R C, et al. 2008. Bulk density determination by automated three-dimensional laser scanning[J]. Soil Science Society of America Journal, 72 (6): 1591-1593.

Sanchez M, Atique A, Kim S, et al. 2013. Exploring desiccation cracks in soils using a 2D profile laser device[J]. Acta Geotechnica, 8 (6): 583-596.

Şans B E, Güven O, Esenli F, et al. 2017. Contribution of cations and layer charges in the smectite structure on zeta potential of Ca-bentonites[J]. Applied Clay Science, 143: 415-421.

Schneider C A, Rasband W S, Eliceiri K W. 2012. Nih image to imageJ: 25 years of image analysis[J]. Nature Methods, 9 (7): 671-675.

Seyfarth M, Holldorf J, Pagenkemper S K. 2012. Investigation of shrinkage induced changes in soil volume with laser scanning technique and automated soil volume determination-A new approach/method to analyze pore rigidity limits[J]. Soil & Tillage Research，125：105-108.

Shen D C. 1994. Thermodynamics of Freezing Soils[M]. Sweden：Lulea University Press.

Shoop S A，Bigl S R. 1997. Moisture migration during freeze and thaw of unsaturated soils：modeling and large scale experiments[J]. Cold Regions Science & Technology，25（1）：33-45.

Simonsen E，Isacsson U. 2001. Soil behavior during freezing and thawing using variable and constant[J]. Canadian Geotechnical Journal，38（4）：863-875.

Skempton A W. 1954. The pore-pressure cofficients A and B [J]. Geotechnique，4（4）：143-147.

Smith C W，Hadas A，Dana J，et al. 1985. Shrinkage and Atterberg limits in relation to other properties of principal soil types in Israel[J]. Geoderma，35（1）：47-65.

Solomon S. 2007. Climate Change 2007：the physical science basis：contributionof Working Group I to the Fourth Assessment Report of theIntergovernmental Panel on Climate Change[M]// Contribution of Working Group I to the Fourth Assesment Report of the Intergovernmental Panel on Climate Change，Climate Change 2007：The Physical Science Basis：159-254.

Sterpi D. 2015. Effect of freeze-thaw cycles on the hydraulic conductivity of a compacted clayey silt and influence of the compaction energy[J]. Soils & Foundations，55（5）：1326-1332.

Style R W，Peppin S S L，Cocks A C F，et al. 2011. Ice-lens formation and geometrical supercooling in soils and other colloidal materials[J]. Physical Review E，84（4）：1-13.

Su N. 2012. Distributed-order infiltration，absorption and water exchange in mobile and immobile zones of swelling soils[J]. Journal of Hydrology，468：1-10.

Svec O J. 1989. A new concept of frost-heave characteristics of soils[J]. Cold Regions Science & Technology，16（3）：271-279.

Taber S. 1930. The mechanics of frost heaving[J]. Journal of Geology，38（4）：303-317.

Tagar A A，Ji C，Ding Q，et al. 2016. Implications of variability in soil structures and physio-mechanical properties of soil after different failure patterns[J]. Geoderma，261：124-132.

Take W A. 2003. Physical modeling of seasonal moisture cycles and progressive failure in embankments [D]. Cambridge：University of Cambridge.

Talamucci F. 2003. Freezing processes in porous media：formation of ice lenses，swelling of the soil[J]. Mathematical & Computer Modelling，37（5）：595-602.

Tang C S，Shi B，Liu C，et al. 2008. Influencing factors of geometrical structure of surface shrinkage cracks in clayey soils[J]. Engineering Geology，101（3-4）：204-217.

Tang C S，Cui Y J，Tang A M，et al. 2010. Experiment evidence on the temperature dependence of desiccation cracking behavior of clayey soils[J]. Engineering Geology，114（3-4）：261-266.

Tang C S，Cui Y J，Shi B，et al. 2011. Desiccation and cracking behaviour of clay layer from slurry state under wetting-drying cycles[J]. Geoderma，166（1）：111-118.

Tang C S，Shi B，Cui Y J，et al. 2012. Desiccation cracking behavior of polypropylene fiber-reinforced clayey soil[J]. Canadian Geotechnical Journal，49（9）：1088-1101.

Tang L，Cong S，Geng L，et al. 2018. The effect of freeze-thaw cycling on the mechanical properties of expansive soils[J]. Cold Regions Science & Technology，145：197-207.

Thyagaraj T，Soujanya D. 2017. Polypropylene fiber reinforced bentonite for waste containment barriers[J]. Applied Clay Science, 142: 153-162.

Uday K V, Singh D N. 2013. Application of laser microscopy for studying crack characteristics of fine-grained soils[J]. Geotechnical Testing Journal, 36 (1): 146-154.

Vanapalli S K, Fredlund D G, Pufahl D E, et al. 1996. Model for the prediction of shear strength with respect to soil suction[J]. Canadian Geotechnical Journal, 33 (3): 379-392.

Vogel H J, Hoffmann H, Roth K. 2005. Studies of crack dynamics in clay soil. I. Experimental methods, results and morphological quantification[J]. Geoderma, 125 (3): 203-211.

Walder J S, Hallet B. 1986. The physical basis of frost weathering: toward a more fundamental and unified perspective[J]. Arctic & Alpine Research, 18 (1): 27-32.

Wang D Y, Ma W, Niu Y H, et al. 2007. Effects of cyclic freezing and thawing on mechanical properties of Qinghai-Tibet clay[J]. Cold Regions Science & Technology, 48 (1): 34-43.

Wang D Y, Tang C S, Shi B, et al. 2016. Studying the effect of drying on soil hydro-mechanical properties using micro-penetration method[J]. Environmental Earth Sciences, 75 (12): 1009.

Wang J J, Zhang H P, Zhang L, et al. 2013. Experimental study on self-healing of crack in clay seepage barrier[J]. Engineering Geology, 159: 31-35.

Wang Q, Liang Z, Wang X, et al. 2015. Fractal analysis of surface topography in ground monocrystal sapphire[J]. Applied Surface Science, 327: 182-189.

Wang S, Yang Z, Yang P. 2017. Structural change and volumetric shrinkage of clay due to freeze-thaw by 3D X-ray computed tomography[J]. Cold Regions Science & Technology, 138: 108-116.

Wang T L, Liu Y J, Yan H, et al. 2015. An experimental study on the mechanical properties of silty soils under repeated freeze-thaw cycles[J]. Cold Regions Science & Technology, 112: 51-65.

Watanabe K, Takeuchi M, Osada Y, et al. 2012. Micro-chilled-mirror hygrometer for measuring water potential in relatively dry and partially frozen soils[J]. Soil Science Society of America Journal, 76 (6): 1938-1945.

Williams P J. 1964. Unfrozen water content of frozen soils and soil moisture suction[J]. Geotechnique, 14 (3): 231-246.

Xia D. 2006. Frost heave studies using digital photographic technique[D]. University of Alberta, Edmonton, AB, Canada, MSc Thesis.

Xu H, Guo W, Tan Y. 2015. Internal structure evolution of asphalt mixtures during freeze-thaw cycles[J]. Materials & Design, 86: 436-446.

Yoshida S, Adachi K. 2001. Effects of cropping and puddling practices on the cracking patterns in paddy fields[J]. Soil Science & Plant Nutrition, 47 (3): 519-532.

Yao X, Qi J, Ma W. 2009. Infuence of freeze-thaw on the stored free energy in soils[J]. Cold Regions Sci Tech, 56: 115-119.

Yesiller N, Miller C J, Inci G, et al. 2000. Desiccation and cracking behavior of three compacted landfill liner soils[J]. Engineering Geology, 57 (1-2): 105-121.

Zhan L. 2003. Field and laboratory study of an unsaturated expansive soil associated with rain-induced slope instability[D]. Hong Kong: The Hong Kong University of Science and Technology.

Zhan T L, Ng C W. 2006. Shear strength characteristics of an unsaturated expansive clay[J]. Canadian

　　　Geotechnical Journal，43（7）：751-763.

Zhang C，Cai Z Y，Huang Y H，et al. 2018. Laboratory and centrifuge model tests on influence of
　　　swelling rock with drying-wetting cycles on stability of canal slope[J]. Advances in Civil
　　　Engineering，2018：1-10.

Zielinski M，Sánchez M，Romero E，et al. 2014. Precise observation of soil surface curling[J].
　　　Geoderma，226（1）：85-93.